人活到极致，一定是素与简 II

[日] 山口势子◎著

李玲◎译

台海出版社

今年春天，我们在一片新的土地上开启了新的生活。

回到老公的家乡，早早地开始我们的"第二人生"。

"你们真是果断呀！"同龄友人如是说。

但是我们家人并没有周围人想的那样不安。

四年前我们就开始了素简生活，所以大家非常清楚：即使房子不大，钱不够多，我们一家四口也能轻松生活。

实际上，自从我们开始新的生活，简单思考与轻松生活的方式便让我们的日常生活和人际关系受益颇多。

随着生活结构简单化，即使面对困难之事，也有了向前迈出一步的勇气。要是放到之前，就总是会说："哎呀这种事情做不了呀！"以至最终放弃。

然而，之前的我，是非常不擅长平衡各种事情的。

室内环境整理得不顺当，东西摆放得各种不协调。与此如出一辙的，还有家庭、生活、育儿、人生等需要操心驾驭的事情，都是一团糟，只会一味感叹自己的平衡力不足。

但是，通过减轻心灵与头脑的重负，简单思考事情，我发现其实大可不必把人生复杂化，于是终于得以轻松生活。

家务收拾不停当，与家人相处不和谐，人生挥不顺……

希望这本书能对有着同样烦恼的你有所帮助。

目 录

东西一少，面对新生活也不再恐惧

"噢，这样一来即便因为我的工作调动要搬到一个很小的房子里，咱们也能过得很好。"

今年春天我们决定搬家，看到家人的物品打包，老公如是说。

一旦习惯于素简生活，物理负担自不用说，心理负担也变轻了。首先，一居室就能收纳一家四口全部的物品，不用再为居住的房子担心了；其次，不必要的东西不去买，生活上也不用花很多钱。总之，素简生活可以把老公解救出来，他不必背着"我必须维持现在的生活"这样的生活重负。现如今生活压力大，这个负担尤其大。虽说钱少房子小，但完全可以轻松生活。素简生活让"只要身心健康，车到山前必有路"的理想得以轻松实现。

我们四年前开始过上素简生活，而此前，房间里堆满了家具和杂物。天天浏览家居杂志，用布、木板以及百元店淘来的东西进行 DIY 创作，终于在婚后第三次搬家时，发生了一件令人崩溃的事情：

搬家搬不完——

我老公工作调动非常频繁，本应对搬家习以为常，但是那次搬家，东西比预想的要多，整整一天都没搬完。这件事之后，我开始思考自己的生活和真正所需的物品，开始了不依赖家具的生活，把物品都尽量收放在根据房屋结构特别打造的收纳柜里。正是从这时起，家里东西开始一点点地减少，生活安定了下来。可是接下来的搬家，又有其他的问题产生了。

孩子衣服标准化，就会杜绝乱花钱。　　　除去餐具，厨房东西就这些。今年春
右边是女儿的衣服，左边是儿子的衣服。　天搬家仅用2吨卡车和私家车就搬完了。

通过整理家务，思考方式也逐渐变简单了

搬家打包的东西放不下！

这次搬进去的房子收纳空间少，我试图把东西都放进去，但最终还是满满当当放不下。东西难找到，每天看到儿子用一张要哭的脸跟我说，"妈妈，作业找不到了"，心里相当难受。这样下去可不行，于是东西尽量只留下能用得到的，不用的东西果断放手。东西一少，生活也变简单了，第一次真切感受到"生活多么容易啊"！

今年春天，我们完成了第六次搬家，开始在老公的老家和公公婆婆一起生活。房子周围，广阔的自然风光尽收眼底。之前我们可以把家附近的超市和杂货店当作家里的储藏库，今后这样的生活就难以指望了。不便的购物环境使得东西又多了起来。平常需要存货，以备生活所需。这样，我们从不存货的日子开始转变为适当存货，东西的存量随生活一起发生变化。

说起极简主义者，很多人都认为他们应该过得非常素简，毫无身外之物。但是，我认为拥有东西的多少其实是表面的，心灵真正崇尚极简才是最重要的。为了最重要的东西，要放弃什么，要保留什么，并进行果断地判断，这种积极行动的人才是真正的极简主义者。

曾经的我对所有的事物无论巨细都要亲自过一遍，而开始极简生活后，慢慢地形成了一种习惯，头脑中总会下意识地思量一下，"现在这个优先顺序是什么？"于是，变得能够简单地掌控事物，卸下了家务、育儿、人际关系等这些包袱之后，终于可以轻松生活。

2015 年春天 之前的家

上/沙发、抱枕、桌灯、小块地毯是家人休闲时的必备物品。这些是针对我家的极简主义所必需的东西了（必要且最小限）。

左/里面是卧室，墙后面是办公角落，放着电脑。这样的布局，老公可一边办公，一边参与我们的聊天。

BEDROOM

FREEROOM

左上/我们夫妇的卧室，也是整理晒洗衣物的家务室。

右上/空房子，多功能用房，感冒休息室、下雨天晾衣服、朋友来家住宿等都可兼用，是我们非常重要的房间。

右/餐桌，是孩子们学习的场所，我们在客厅吃饭。

左下/厨房的烹饪工具放在自己打造的餐柜里，空间正好合适。别的就只有一个小型餐具架。

DINING

KITCHEN

3LDK的出租公寓。收纳空间比较少，所以只准备了必要且最小限的家具。同时慢慢减少物件，改善收纳结构，来实现轻松生活。

11

LIVING

2016 年春天 现在的家

GIRL'S ROOM

上/在墙上粘一块板做腰墙。在地板上铺上榻榻米，便可好好放松。

左下/女儿房间，墙壁用蓝色黑板涂料涂刷。

右下/儿子房间，可以眺望窗外的翠绿风景。里边是我的衣帽间。

BOY'S ROOM

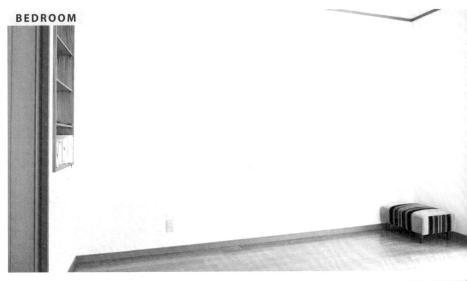

上/只有一个软凳的房间，可以专心睡觉。

左/换掉盥洗台，在墙上装上架子和镜子改装成盥洗室和洗衣房。

右/与客厅一样，也用同样的板做了一个腰墙，咖啡馆风格。右边收纳架上放着电脑和文件。

左下/新做的家电架，墙上自制餐具架。厨房空间很大，能容纳夫妇二人甚至加上孩子也没问题。

DINING

WASHROOM

KITCHEN

四室两厅一厨+储藏室的独幢房子，通过走廊与主房连接。每个房间均有衣橱，衣服都用衣架收纳，管理很方便。虽然收纳空间增加了，但我追求适得其所，目前正在DIY改善中。

PART1
物品整理

素简生活最重要的不是扔东西、做减法，而是选择对自己来说必要的东西。

我今年春天搬了家，随着生活的变化，物品稍有增加，但这些对我来说都是必要的东西。极简主义者会根据变化灵活安排生活。

适当的极简生活
非常惬意

　　老公之前工作调动频繁，所以我家经常搬家。今年春天，我们终于把家搬到了老公的老家，以便于照顾身体不好的孩子和上了年纪的公婆。人到中年，上有老下有小，人生课题接踵而至，考虑到这些问题，为了今后的生活，我们夫妇做出了这样的决定。

　　之前居住的地方购物都比较方便，从家开车不到五分钟就有超市和药店，这些商店可充当我们的"储藏库"。需要时可随时购买，顺路拐个弯就能买到，所以无须存货。

　　然而如今的生活，到最近的超市也必须"专门出门购买"。一不留神忘记买酱油或是牛奶、保鲜膜等东西，就必须驱车前去购买。我如果还固执地"不存货"，哪样东西用没了，就得再次去买，很麻烦。想想为此要花费的时间和体力，就觉得生活效率很低。这样，存货必然要从 0 到 1。于是从之前的"不存货"生活转变为"适当存货"的生活。

　　我一直觉得素简生活非常舒适，甚是喜欢，这点即便搬了家仍然没变，但是若偏执地去追求不要多余的东西，内心就会被"什么都需要急着去买"这些问题烦扰着，让人很不自在。所以在这个问题上不必过于较真儿，如果需要一点存货，那就存吧。最重要的不是物品的数量，而是以放松的心情与家人一起生活。之前不存货的这个习惯可以根据环境的不同而做出适当改变。

另外，购物不便的生活教会了我享受亲自动手创造生活的乐趣。原本我也喜欢缝缝补补、DIY 手工制作，一有时间就拿针线缝些衣服、做些小饰品。为了缝织一些自己感兴趣的手工艺品，我存了些喜欢的布和线。

再有，自从开始素简生活，比起以前，大家更珍惜物品了，突然觉得"对东西进行保养原来这么有意思"！把原来脏脏的壁纸替换成新的，找适合我家装修风格的椅子布料……生活所需的工具和材料一点点多起来，但这些对我来说都是必要物品。

不拥有多余物品——生活若有原则可依，若能走上无须思考的原则轨道，确实会很轻松。但若这个原则让你感到沉重，那最好摆脱它。能长期持续素简生活的秘诀便是：当你想到"这个这样做会怎样""这个这么着会如何"时，你可以说"好的"，并且马上去尝试，做做看，若是觉得"这样做不对呀"，马上回归之前的状态即可。现在的我也在尝试中，如若觉得存货"果然还是不必要"，则可马上回到原来不存货的日子。

悠然探索生活中的新事物，心情就会变得十分愉悦。

▎ 存货由 0 到 1

在不便的地方生活，开始养成存货习惯，存点必要东西。目前是一个，今后数量会随着生活发生变化。

上/基础调味料，存货用的，以防做饭途中某种调味料用完，这样可以让我家料理部长——我老公做饭时更有干劲。

下/老旧的独幢房子湿气重，洗衣次数也多一些。除了衣物洗涤剂，洗发水和餐具清洁剂等也都囤了一份。

▌DIY 生活

买不到的东西自己动手制作。手工材料增多了，但只要用得到就是必要的东西。

附近没有裁缝店，所以自己手工制作衣服和小饰品的机会就多了。布和线等制作材料也随之增加了。现在我正热衷做厚一点的布块胸针。

▬ 装点生活

购入必要的工具，为家人创造一个身心愉悦的环境。自己动手，打造一个符合自己品位的家。

上/搬家后首先买的是除湿器。调试后，每天对各个房间进行除湿。

左/为了与房间装修风格相协调，把椅子的座面由绿色换成了灰色。这也是我DIY添置的一件物品。

生活储备品

由于生活环境发生了变化，故所需物品也在时刻发生变化。

虽然从没有因为将充满回忆的物品扔掉而后悔过，但有过几次因为不适合当时的生活而处理掉、之后再重买的经历。

其中就有一个茶色包包。去年春夏季节，由于正在挑战"白色衬衫制服化"（即每天穿搭以白色衬衫为主），就把秋冬时节喜欢用的茶色包包处理了。但是到了今年秋天，我就后悔了："果然那件包包还是很喜欢的。"于是又重新买了一个。即便如此，正是因为我丢弃了一次，这才意识到"这个茶色包包是秋冬必备品"。"即便让我再花同样价钱也想买的东西"就是必备品。这个茶色包包我肯定不会再扔了。

我很早以前就把不必要的东西分成两种："立马就扔"和"暂时保留"。虽然喜欢，但不再适合现在的生活，可是会纠结随着生活的变化可能再用，这类物品就放到"暂时保留"的箱子里。放到纸箱里，一年都没开封，这类东西就直接扔掉。搬到这个家之后，我把餐具、平底锅和衣服直接放到了纸箱里。现在的生活不比从前，购物不便，同一物品不能马上重新添置。而且在新的环境里，生活方式和心情都有所变化。

据说很多人都会觉得极简主义者是"扔物狂魔"，但其实这是一种误解。**为了之后不会说"哎呀，糟了"这种悔不当初的话而适当拥有物品，这也是极简主义者的一个选择。**

还能用还要穿的衣服

上 / 衣服基本穿一个季节就会破，但还有些衣服情况好一些，可以保留到下一个季节穿。"手工生活"是需要时间的，留着万一做不了的时候可作备用品。

下 / 孩子们也开始参与家务，餐具比较容易摔碎，所以换成了密胺材质的。等孩子们的家务逐渐熟练后，再换回原来的瓷器餐具。为了满足多种料理所需，也囤了笊篱和平底锅。

以备家务变动之用

不必要，但是需要

我非常喜欢"无用之用"这个词，这是老子的思想，意思是"即使世人皆谓之无用，反而有其大用"。

我们今年新年搬家之前住的那个房子，腾出了"一个空无一物的房间"。预留这个房间是件非常奢侈的事情。如果搬到一个没有空房间的小房子里，房租会减少，也会缓解家里的经济压力，但是对我们家人来说，"一间空房子"意味着心之余裕。可以轻松邀请客人住下，也能专心照顾生病的家人，可以一个人静静地学习，雨天也可晾干衣物……虽然不是一间放置东西的房间，但对我们来说是间非常重要的房间。

由于现代人的生活习惯，家里也有几件会让别人怀疑"这个有必要吗"的物品。比如卧室的软凳，是喜欢那个花纹才买的，并没有作为软凳使用，常用来放睡觉前用的书和眼镜。但若仅仅作为放东西的物件来用，选别的东西就好了。尽管如此，但正因为有我喜欢的软凳在房间里，会让我觉得这是"我的卧室"。这与"一个空无一物的房间"作用相同。虽不必要，但却在另外的意义上能够让我安心，我就会觉得这样的东西非常重要。我想摒除浪费，获得一身轻松，但若是连心头好都能舍弃，我并不觉得难能可贵。**即使它不能作为物品发挥它的价值，若是对人的心理能起到安抚的作用，我认为这个东西就是必需品。**

空房间并非"死空间"，而是作为一个"不放任何物品的空间"，它是必需品，"作为无用之用而存在"。物品的整理方法也适用这一哲学。

上 / 放在卧室里的长软凳，就好似贴上了一个标签向人昭示着"这是我的房间哦"。短毛绒针织布料的丰盈饱满质感，满满复古风的条纹花样都是我非常喜欢的。

左下 / 儿子说"房间一片黑暗很难入睡"，于是应他的要求买的桌灯。守护孩子们安眠的物品对我来说也是必需品。

右下 / 我看"小巾刺绣"而做的胸针，没有它，衣服也可以穿，但是有了它，就像枯山水庭院中绽放的一朵花，时尚感倍增，令人心情愉悦（枯山水是日本为适应当地的地理条件而建造的缩微式园林景观。不使用水、单靠沙石来展现风景的庭院样式。成型于室町时代，主要受北宋画风影响，特别是泼墨山水这一画法。 多用于禅院等地的庭院制作，京都龙安寺方丈楠庭为其典型代表）。

经常在沙发上使用的指甲剪、温度计等都为它们在电视桌上设置了收纳场所。坐着就能够得着，即便是容易把东西扔得乱糟糟的家人也能轻松放回原处。

给家人带来便利，却给我带来不便

"哎呀真是的，要是没有沙发，打扫就会轻松很多，也会避免袜子脱下来乱扔……"

关于沙发问题，我们家人多次开会讨论，"沙发扔还是不扔？到底要怎么办？"每次结论都是："沙发是我们的治愈空间，不能扔。"直到现在都还没扔掉。

我想扔沙发的理由是：沙发成了彻底放东西的地方了，袜子、漫画、遥控器……或许你会建议：沙发既然大家不同意扔，在沙发旁边放一个临时置物箱怎么样？但是如此一来就得刻意去整理，并未从根本上解决问题。我只是希望家人们能把袜子扔到洗衣机里、漫画放到书架上。

对家人来说，一天的乐趣之一在于沙发的存在。回家之后将疲倦的身体窝在沙发里，无所事事地看看电视，很舒服。沙发给我带来了不便，却给家人带来了方便。**把沙发扔掉，我收拾打扫起来就很轻松。但家人不能在客厅惬意放松，这样问题就大了。**

经常会有"解决了一个小问题却引起了一个大问题"的状况出现，关键在于"别试图解决所有的问题"，特意留下来一个小问题，就不至于引发大问题。

关于沙发，等家人们意见一致时才可扔掉。我家的袜子问题，多半只能依靠我继续耐心提醒了。

上 / 沙发是好多东西的藏身处。我那些不擅长收拾的家人们每次往沙发上一坐，脱掉的袜子、看过的漫画就像上图你看到的那样到处都是。

下 / 沙发下边一有东西，早上打扫时就得先收拾一番，有点小压力。

购物失败

自开始素简生活后，无益购物及徒然支出大幅减少了。

然而在极简生活之前，我却接二连三地购物失败。要邂逅生活标准品，可不是那么容易的事。

我至今还会有这种经历：家具和室内用具都已经确定好风格，量好尺寸，一旦买来才发现，"哎呀呀，怎么跟我想象的不一样呢？"

在新家的头号失败作品便是我女儿房间门口的帘子。在手工艺店觉得这块帘子布料很可爱，纠结了两周左右才买下来，挂起来后，却发现与房间风格不搭。就像在服装店看到一件衣服，"哎呀，这个真漂亮！"买回家一试，却不适合自己，让人很失望。即便慎重决定买下的东西，不试一下也不知道是啥效果，这种经历肯定有的。像每次购物都很成功的经历应该是不存在的吧！

另外，有时也会因为自己心情波动，从而导致购物失败。

手机我一直喜欢用白色，五年前自己那款一直很喜欢的手机坏了，于是我买了个新的，不知什么原因就选了个红色的。刚好那个时候，我决定生活用品标准化。我想我会对这种生活感到满意，但其实，生活也在墨守成规化。我觉得是因为我开始对这种生活感到厌倦，于是想在别的地方寻求点刺激。我并非真的想要红色的手机，我想要的只是刺激。三天后，我终于察觉到了自己真正的喜好："果然还是白色的好啊。"

从购买红色手机失败一事中我学到了控制自己情绪的重要性。控制自己情绪的方法之一请参照家务活"例行公务化"（第80~81页）一节。

生活用品标准化确实让人很愉悦，但是若被死板教条束缚住，就会逐渐觉得生活苦闷不堪，于是就会无意识地寻求刺激，"哎呀，失败了"，这样的后悔经历就在不远处等着你。

曾有一段时期，我憧憬《come home》这本杂志中的室内设计，热衷于 DIY。等最终我把风格落定在简约的室内设计时，就自责过，"《come home》时期的购物真是失败啊，好浪费钱……"现在我能够自己动手修缮新家，正得益于那次失败。若无《come home》时期的诸多挑战，便没有我现在粘贴壁纸、换椅子座面等这些技能吧！过去的失败会转变为如今的生活经验，我想也许这就是人生的妙趣吧！

过于恐惧失败，就会不由得否定自己"这也不行，那也不行"。 人生是挑战。若失败仅仅以失败告终，便不会走出这一步，最重要的还是要吸取教训。我今后还会失败的，认识到这一点之后依然要奋力挑战，勇于失败。

失败也是生活的乐趣。我相信随着新的失败不断增加，人生也会更加丰富。

東西和金钱都要『可视化』

如果有1~50日元的硬币就会放到存钱罐里，攒多了就捐出去。钱包里只放100日元以上面值的。余额马上能够折算出来，以避免用超。

我家没有账簿。

在开始素简生活之前的几年里，我会将糕点钱和饮料费等都仔细记账来管理每月的支出。做出周预算，在其范围内筹划安排，但渐渐有了心理压力，"讨厌天天尽是考虑钱的生活"，于是从账簿管理切换到费用分袋管理。

做出伙食费和日用品费每月的预算，然后把钱分别放到各个袋子里，买东西之前拿出。这样一来，一看钱袋就知道还剩多少钱，"都用了这么多了？""哎呀，只剩这些了！"如此一来，对现状掌握一目了然。以前也会用信用卡分期定额付款，但是有一天我发现要支付的余款比想象中多，于是很受打击。

越是看不到现在还剩多少钱，生活就越是困难。于是采用易掌控的管理方式，把钱换成现金"可视化"，**就像物品一样，避免"不知道里边是什么""用信用卡可以下下个月再支付"这种状态**。把一万日元的纸币换成一千日元或是更小面值的零钱，零钱袋就会鼓鼓的，这就证明钱在频繁使用。面值越小，那种精神上的分量越轻，就会乱花。把钱破零，就是"破坏对钱的意识"。我钱包里不装零钱，这样每次整钱破零，清晰可视，即可避免乱花小钱。

虽然不缺钱，也要爱惜使用。对钱的意识发生了改变，生活也就宽裕起来了。

伙食费、日用品费、加油费、零钱、业余学习费等。按类别做出每月预算并将钱放入袋中。只有容易超支的伙食费准备了四个袋子，实行每周管理。

用"心"选衣服要

你是否会有"这件衣服很适合跟朋友一起吃个午餐，但如果跟公司客户聚餐，这衣服合适吗"这样的纠结？

在行为经济学中，我们把前者叫作"社会规范"，后者叫作"市场规范"。跟朋友的关系不能用金钱衡量，但是工作关系大部分是通过钱联系在一起的。"社会规范"是交友关系，"市场规范"是商务关系。两种价值观难以共存，于是选衣服时才格外纠结。由于想取得二者平衡，衣服就多了起来。

还有最重要的是"衣服要用心选择"。选衣标准就是遵从自己的内心。再明确一点来说，所有衣服加起来共 20 套，昭和风、自然风、丸之内 OL 风等风格都有涉及，**"选择好一个自己喜欢的主题风格"也是用心选衣的原则之一。**

比如享受素简生活方式的人喜欢简约款的衣服。秉持"所有衣服加起来共 20 套"这一原则，选择自己喜欢的衣服。这时就可以看清自己的内心基准："穿想穿的衣服""想如此添置衣服"。最终选择私人及商务场合兼用的衣服，即可满足"社会规范"及"市场规范"双重所需。

我在秋冬穿衣的主题是白色上衣搭配条纹裤子。图中宽腰窄裤脚裤子是日式农作服现代改良版，逛街、在家等多种场合都可穿。上下衣服共有 10~13 套，可通过搭配不同的外套及包包、鞋子改变风格，享受自己的时尚时光。

买之前先思考一番：这件衣服"社会规范"和"市场规范"二者皆适用吗？与自己内心所求主题相符吗？如此一来，衣服就不会随意增多了。

因生活发生变化，原来三双鞋增至四双。在一个叫"日本野鸟之会"的网站上看到的橄榄色长靴，选个合适的衣服搭配就能去逛超市了。

肩上披件紫色的对襟毛线马甲就很有秋天的味道。搭配的休闲条纹裤子是"鳗鱼寝床"（福冈县八女市）家的。

咖色立折领风衣与黑色小挎包搭配，与朋友约午餐会、外出都很适合。白色绑带鞋，看起来非常帅气。

物质并不会让我们收获『美好生活』

　　开始做一件新的事情时，你是否从买买买开始的？

　　有时会因为新买的东西而开始做一件事情，然而我也经常在买东西时仅仅是为了满足一下自己的购买欲望，要做的事情却无疾而终。

　　比如，自己每天精神满满步行，突然想到什么时候若能开始慢跑得多么开心呀，我怎么没想到买双合脚的跑步鞋呢！然而鞋子买到手了，步行的热情却减退了。兴致勃勃买的衣服却老让它躺衣柜里睡大觉，这样的事情也不是一次两次了。原来我们最终只是想找个理由购买新的东西而已。

　　相似的情况，选择家电时也经常会碰到。比如微波炉电烤箱一体机的商品介绍，经常会给你这样的生活建议："买了这个，幸福生活就等着你了""时尚家庭里就该配最新式的微波炉电烤箱一体机"。旁边是露出幸福笑容的全家福。只要启动微波炉电烤箱一体机的功能，平时做不了的料理就能简单做好，于是你满心期待，很受鼓舞，"有了这个，即使是身为料理小白的我，明天开始也能成料理能手了！"

　　然而真实情况呢？常用功能之外基本就不用，明天的我也成不了料理能手。买东西时的雀跃感在货到手之时达到顶峰，之后并不会长久地持续。买东西时，很多人真的是用心在买，另一方卖家并不是真的卖东西，而是卖心情，很多买卖都是这种情况。

我家选的微波炉电烤箱一体机并不是带蒸汽的流行款式。只要能够满足每天要用到的加热食物及偶尔做的烤全鸡需求即可。

擅长做饭的人，能够用冰箱里仅剩的东西快速做出美味佳肴，极简主义者的生活方式与此相似。

我看到极简主义者用有限的衣服玩转时尚，终于领悟到穿衣的奥秘。在此之前，我一味觉得如果没有多重变化款式的衣服就玩不出时尚感，于是添置了很多衣服。但其实恰恰相反，人们所拥有的东西一旦有限，就会倍加珍爱。把穿了一天的鞋子擦得锃亮，把衣服褶子抚平，把针织品的毛球修剪干净……你就会察觉到，这一个个的行为举止，是多么酷多么优雅时尚。与美味料理同理，认真对待衣物，穿的时候就会非常有时尚感。

只靠买买买，是不能过上漂亮生活的。

重要的并非"买了这个，我就能过上漂亮生活了"，而是**摸索"我买了这个，会有什么样的乐趣在等着我呢"**? 我个人会去发觉入手东西的乐趣，获得新时尚的方法及每一次小小的喜悦。每当发现这些乐趣，痛苦的家务活就变得有意思多了，生活也就更有趣了。

你可以得到的不是适合任何人的"漂亮生活"，而是只属于自己的"漂亮生活"。

简单思考式的物品选择

少量拥有，一物多用，兼作室内装饰……以极简视角来选择物品，家里就会清爽很多。

仅仅100日元，也不会滑落衣物

衣架表面做了防滑处理。T恤衫或针织衫会紧紧贴合不滑落，领部也不会因为被拉伸而松垮变形，衣物可以持久耐穿。在素简生活中，这个衣架真是大有帮助。

整体银色营造清爽感

从刃部到手柄整体都为银色的工具并不多。整套工具选用单一银色就会有一种统一感。容易杂乱的厨房也会营造出清爽感。购于NAFCO（日本连锁家居生活用品店）。

酷酷的方形手柄

量杯刻度一般都是红色的，但这个是黑色的。与银色物品摆放在一起也十分搭。方形手柄彰显时尚感。购于附近的建材市场。

没有无益冗赘的简约款式

简约的键盘和方形边框是极简风格。放在冰箱一角非常合适。儿子主管浴室清扫，现在放在他的房间使用。多利科数字计时器呈"苗条长方块"状。

实用又有装饰作用的方便竹筐

用作清洗篮，晾干后直接放到餐具架上。自然风的外观，放在餐具架上看起来也很时尚。篮子里还可以放小物品或水果。一物多用，尽显极简主义。

挂到墙上，东西不杂乱

非常醒目的格子花纹，网上淘来的。挂到墙上的钩子上可作收纳，也可作为室内装饰，非常实用。崛井和子的"大手提包/格子花纹"。

清扫用具也是整套齐备

两种拖把头可以替换使用，只需一根拖把柄就能轻松搞定。避免了买很多清扫工具，非常合理。沉稳灰色调是我的菜。从左到右分别为：清扫工具套装之铝制伸缩式拖把柄，清扫工具套装之木质地板用拖布，清扫工具套装之木质地板用拖布（干用），清扫工具套装之木质地板用拖布（沾水用），清扫工具套装之簸箕/无印良品。

不需要卸妆油及底妆

用香皂就能卸妆，并且对皮肤造成的负担小，亲肤且上妆自然。不用底妆，简单化下基础妆，很适合忙乱的早晨。矿物质粉底液/ETVOS。

清爽色调，苗条小身体，哪里都可容身

简约设计，不会纠结应该放哪。比较薄，随便在书架一放，也能轻松容身。我家有两个，供孩子们使用。东芝Lifestyle Electronics Trading的"CD收音机"，约5000日元（约合人民币300元）购入。

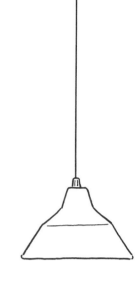

PART2
房间整理

收拾整理物品，清扫、通风。

于是清晰感受到房间氛围发生了变化。

凭空祈愿房间一下子『变干净就好了』

『要是容易收拾就好了』是没意义的，关键

要有明确的目的。我的目的是使家人感到安

全放心，孩子能自立成长。

要搬进的家是『不良房屋』

　　我们回到了老公的家乡，开始了崭新的生活。

　　新家是我公婆所建，多年来别的亲戚曾在这里生活，他们离开与我们入住的时机刚好一致，于是搬家得以实现。

　　之前住的亲戚告诉我们，"屋子里仅剩了一点家具，你们把它扔了就行"。于是心想，要是留有东西，把它扔了即可。然而，当我们打开门一看，简直惊呆了：墙壁和门窗都发霉了，家居设备也损坏了，家具大量残留，还有衣服、生活用品……看到他们走后留下的房子满是脏污，东西还多，我茫然不知所措。

　　察觉到衣柜里的衣服也都发霉了！壁纸、门窗、电器……全部都被霉菌侵蚀！除了空调，其余换气设备完全坏掉了。由于屋子里塞满了东西，再加上公婆跟搬走的亲戚之间有矛盾，把所有窗户都封起来了，空气流通更为不畅。家人之间的关系不和谐，导致房子也成了不良房屋。大家花了一个半月把家具和垃圾清理了一番，6 月份终于迎来了我们的新生活。

　　搬家之后第三个月的某一天，我一开空调，却闻到好大一股味儿。小脏污积压到这种程度，到底是把心都给侵蚀了。我边打扫边不由得想："怎么会脏成这样？"心情灰暗无比，同时"又不是我们弄脏的，反正打扫打扫还是会脏……"这种想法又掠过心头。

新家是一个独幢房屋，周围满是自然风光。虽然房子超大，能装得下很多东西，但素简生活赋予我的解放感非常棒，我们家人可以悠闲自在地生活。

如果你抱着"反正怎么怎么着"的态度而放置不管，状况就会越来越糟糕。如果一味想"反正又不是我们弄脏的房子""反正就算收拾完还是会脏"，那这个房子就会跟之前的状况相同。

"怎么会脏成这样？"我心中的这个问号，答案难道不正是这个"反正"吗？以前我就从这个亲戚那听说"这个房子湿气很重，没法住的"这样的话。"反正打扫打扫湿气还是很重……"或许一开始正是因为他这么想，最终才放弃清扫的。

房子是家人的影子。

就我个人来说，如果有段时间心烦意乱，家里就会一团糟，因为没有力气去打扫。我喜欢我的房子，更爱我的家人。对于一般平常的东西，人们的好恶是参半的，感觉很喜欢它，却也有恨意萌生的时刻；心里想着"多想把它扔了"，可生活中离了它又不行。我和家人仿佛一同站在一根细针上，必须保持微妙的心绪变化之平衡，伴随着复杂的感情生活下去。

我觉得好房子要具备**"让光照进来，让风透过来，不塞满东西"**这三个特点。这些于人际关系方面也同样适用：让光照进来即是发现对方的优点；通风即相互之间交流；不塞满东西即一个人不要负担太多，勉强自己。

通过对房子的修缮及清理，我们与公婆、邻居彼此之间增加了很多交流

卫生间充斥着霉菌和灰尘，不能清晰地看到窗外的风景。本想保持清洁的场所，窗户墙壁却满是脏污。

玄关处的物品遮住了外面的光线，屋里显得很昏暗。这儿除了放一些生活工具，又成了纸箱和垃圾堆放处。

上／壁纸脏兮兮的，都是霉斑和污渍。用洗涤剂也清洗不掉，干脆自己换新的贴了上去。

右／厨房的橱柜门坏了，水池子也黏糊糊的。除了烹调工具和调味料，宠物饲料也直接在厨房放着。

的机会，真正地做到了"让光照进来，让风透过来"。通过户外烧烤，也制造了邻居来我家玩的机会。但是，俗话说"月满则亏"，正如太强烈的光会晒坏房子，太强的风会把屋子里的东西吹跑，人际关系还是要适度，最重要的是要清爽舒适。

我们的新房子是不良房屋，即便如此，当我要对需要改变的和保持原状的事物做出判断时，依然会思考很久。

壁纸与门窗是可改变的，可改变的事物改变即可。然而人的本质是不会变的，交流是由说话一方和倾听一方二者共同作用成立的，一方改变则交流即可改变。是啊，改变自己不就好了吗？没必要逼自己喜欢任何一个人，但对不喜欢的人也要保持起码的礼貌，可以打个招呼，说句"早上好"，搭不搭腔是他的自由。自己先问候对方，就像把球投过去，于是语言的投接球游戏就开始了。

当一件你觉得不得了的事情仿若巨大障碍物一样堵在你面前时，你只需简单思考下，"这个是可改变的事物还是不可改变的事物"，便可打开通路。

直面父母的整理之道

　　我们的新生活是与公婆住在一起，既然是共同生活，一开始就要意识到"收拾的可是父母的家"。我公婆属于讴歌昭和时代的"团块时代（1947年到1949年之间）"的人，他们的上一代出生于明治时期，代代继承下来的生活工具一直沉睡在仓库里。

　　我公公总是认为"即便衣服或是别的什么东西破损了，要是能用就凑合用"。有把椅子的座面已经破损了，我们夫妻俩问他："这个不能再用了吧？"没想到他回答："能用啊，或许在你们看来不能用，但对我来说是肯定能用的。"确实"能用或是不能用"的分界线是要看每个人的生活习惯的。

　　另外，从周围人那里听说我婆婆是"不善于收拾整理的人"。婆婆也很介意她自己这一点。于是借着和我们家人开始一起生活的契机，她干劲十足地说："来吧，让我们好好收拾一下吧。"在一起收拾时，我没想到，我婆婆是很会取舍的人呢，"这个扔了吧，那个也扔了就行。"

　　公公婆婆两人就"扔还是不扔"意见产生分歧时，就把"不能用的"和"派不上用场的"处理掉，一些赠送品毛巾就当作抹布用。两人都说不扔的东西就不处理。即便有整理收拾的心情，迈出第一步开始收拾也是相当困难的。借和我们开始一起生活这个机会终于迈出了第一步。

　　造成我这位很会选择取舍的婆婆至今都没能好好收拾的原因是：她很忙。要照看我公公的父母，要当我公公公司的会计，还有地区政府公务、

同一东西重复出现也是公婆家的一大特点。除了茶碗和食案，毛巾、餐具、香、蜡烛等都有好多。

田间农活、家务活⋯⋯一人兼多种工作。说实话，她很想把家里的事情多干点，可就是没有时间。

正是由于有像婆婆那样拿出自己的时间为周围人劳作的人，家人和地区才得以维持。我认为婆婆这一点难能可贵。同样，婆婆也对我们家"不拥有、不引入多余的东西"这一生活方式表示理解。假如任何一方试图踏入对方领域，强行改变对方，或许我们就难以共同生活。

通过共同清理房屋，老公也了解到他父母是与自己价值观不同的人。老公是"买了不合适就会扔，然后重新再买"。公公是"一旦买了，就算不合适，下次有什么情况或许就会派上用场，不要扔，扔了可惜"。时代不同，价值观也会发生变化。

某天晚上正在看电视，偶然听到这样一段话，深有同感："日本人是很会将传统发扬光大的民族。但是传统现在也在灭亡。那我们到底要继承什么？改变什么？改变，继承，改变，继承⋯⋯如此才能够将传统的接力棒交给未来。"就像《超级歌舞伎Ⅱ海贼王》（以漫画《海贼王》为题材的现代风格歌舞伎）等这些例子，虽是传统题材，但与时俱进做了很多改变，很受大家欢迎。

公公婆婆及祖先积累的生活智慧及文化，**并非"不适合就扔掉"，该留的还是要留下来。对收拾整理父母家的孩子来说，这种微妙的斟酌非常重要。**

你渴望的生活状态

　　装修房子时，首先要在心里勾勒出你想要的生活的图景。搬家以前与现在主题相同，我们想打造一个一家人聚在客厅其乐融融的家，这样的话，电视就要放在一个不管家人在客厅哪个角落都能看得到的地方。

　　在孩子们成人离开父母之前，家人要在同一个空间同一个时间度过，这是我父母教给我的东西。我还在上中学的时候，看电视时看哪个频道大人是有优先选择权的，抢频道时我总是输给哥哥，所以想看的节目看不了，也就导致在学校跟朋友聊天也聊不嗨。终于有一次，我恳求父母："我们儿童房也想要电视！"

　　然后父亲说："买台电视放你们房间，我们现在可以买得起，但是这样一来，你们都窝在自己房间不出来了。这样的话，作为爸妈我们就会很苦恼。你们以后也会长大成人，跟家人一起的时候，看同样的东西，吃同样的食物，爸爸觉得这才是一家人啊，所以现在不给你们房间放电视。"

　　被父亲这么一说，我不能再反驳什么。瞬间觉得原来父亲在以他的方式来爱护我们这个家啊。**多亏房间里没有电视，我才在一个家人之间交流较多的家庭长大，学习到了用自己的语言传达感情的重要性。**简单来说，就是有一种安心感：有人会听我说话，我的意见不会被否定，有人会认真考虑我说的事情。

　　于是我家也不在孩子们的房间放电视。孩子们看电视、打游戏都是在客厅。没有电视的儿童房，表达了父母"就想要这样的生活"的愿望。

电视、游戏机以及电脑放在客厅和餐厅。
家人可以互相感受到对方的气息，可以随时
参与聊天，我非常在乎家人之间可以毫无距
离自由放松地在一起这一点。

室内设计「制服化」

　　我很喜欢室内设计，十年前的风格是自然风，之后是北欧风，如果再细分一下，还有很讲究风水的一段时期。考虑与季节相符的色调，更换不同的花纹图样，乐趣无穷。但是如果色彩搭配不当，室内色调就会不协调。家人们也抱怨，"有必要那么来回地换花样吗？""东西来回换用起来很不方便。"

　　我从去年开始，衣服实行制服化，于是想室内设计也可用这个方法。这里制服化的意思是，就像孩子穿校服一样，一旦决定好一种款式，那就每天都穿它，如此一来，早上选衣服也不会纠结了，衣服数量也少了，家庭开支也省了很多。这样慢慢就形成了自己的风格，与之前比起来，现在被人夸漂亮的次数也多了。

　　室内设计也是一样的道理，颜色不随四季变换，只限定在"黑、白、原木色"三色，这样空间上也统一协调了。**与衣服整理相同，定好规则之后，便不再放置多余的东西，房间变得清爽多了。**减少了图样的更换，东西存放处也固定了，家人们都觉得"用起来方便多了"！

　　现在住的房子是木造独幢房屋，近似于橙色的原木色调是其特征。当我用三种颜色的其中之一——原木色的木板粘在墙上营造腰墙风时，家人们非常开心，都觉得"这种风格感觉可真好啊"。这个家跟搬家之前的那个家氛围相似。

　　有所改变很重要，不做改变也很重要。我老公之前因为工作频繁调动，所以我们经常搬家，至今为止已搬过六次。住的房子不同，家里边却不发生改变。室内设计固定化，也会给家人一种安心感。

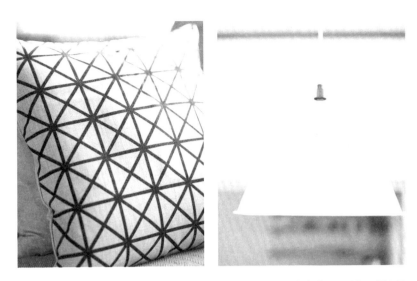

左上 / 重点颜色黑色物品占一成。除了电视，抱枕套和毛巾也选用了黑色。图中是 Jubilee London 家的抱枕。

右上 / 我家的室内物品一半选用的是白色。餐桌上的吊灯也是白色的。这是在似鸟（日本最大的家居连锁店）家发现的，与北欧"SNAFKIN 灯"相似的造型，珐琅风质感，我非常喜欢。

下 / 越用越有味道的无垢材做成的餐厅桌子，我们已经用了三年，非常喜欢。家具全部是木质的，选用三种颜色协调平衡。

难以整理家族的『整理结构』

老公和两个孩子都不擅长整理散乱的房间，特别是我女儿，先天不擅长收拾整理。就像有人擅长唱歌、有人不擅长唱歌一样，她就算通过自己努力，也不一定能够完成。我就想能否在整理结构上下点功夫，尽量让结构变得简单，以便能减轻整理负担、克服家人的"不擅长"。

① 拥有必要的东西

如果拥有大量物品，收纳空间被东西塞满，那么不擅长整理的人就难以管理这些东西。从 100 张卡里找出你需要的一张会很困难，如果从 10 张卡里找出来一张就容易多了。物品管理是由数量决定的。

② 不过于分类、分散

有一段时间我觉得收拾不停当的原因在于物品没有自己的家，于是把物品细细分类，每种少量分散收纳。然而，随着收纳场所的增加，"这个收纳、那个收纳""这个箱子、那个箱子"，东西反而很难找到。于是，又把东西从各个小地方移到大房间，减少物品的家，东西就好找了。

另外分类时，比如"在这里换衣服，衣服就在边上""在这里画画，纸和笔就在身边"，如此按场所和目的分类，也会顺畅很多。

③ 一览无余，东西很好找

如果东西后边藏着东西，那我们就不知道东西后边有什么。比如不把两个物品前后摆放，而是左右摆放；衣服不叠起来，摆成一列挂起来，这样就能一眼找到要穿的衣服了。所以关键是要设计成容易找到东西的收纳模式。

拾起孩子们上学后丢落的东西，放到袋子里暂时保管。在丢垃圾之前孩子自己会意识到，东西如果没有放回原处就会被处理掉。

④ 适度地按色区分

我女儿有发育障碍，视觉信息一多，东西就找不着了。利用颜色区分开来，会更容易找到东西，但若区分太多，记忆就会混乱，反而起到反效果。因此学习用品等必要的工具选用彩色，被套、床单是白色，室内用具色调也较单一，这样一来工具就很好找。适度地按色区分，对还不识字的小孩子也很有效。

⑤ 定期复位

如果总是叨叨"快点收拾"！孩子们就没法专心去玩。于是我跟孩子们约定好，在上学前和游戏前要收拾一下，其他时间给他们自由。"要去上学""要打游戏"，如此一来，收拾整理的目的变得明确，不擅长的人也能够收拾整理。

⑥ 不作多余变动

在第 61 页我介绍了"把东西全部拿出来做清扫给厨房瘦身"，我会定期重新审视物品之道。一定期间内从没用过的东西我就会处理掉，但并不会频繁变更收纳场所。对于我那些不擅长收拾整理的家人们，他们好不容易记住了什么东西放在哪儿，你一旦变动，即便找到了东西，用完后也放不回原来的位置。因东西使用不方便而改变其收纳位置时，我会好好地通知到家人。

▍分类

物品按场所和目的一下子区分开来。不要过于细致分类，即便不看标签，也能立马想起来。

睡觉、更衣

学习、游戏

左上/衣柜里收放着衣服和寝具，没有放学习用品等物品。只有在睡觉和换衣服时才打开衣柜。

右上/学习用品、文具和手工材料放在墙上的架子上。这里是学习和玩的场所。通过把场所明确分开，防止物品混杂在一起。

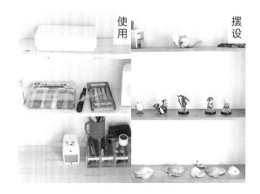

使用

摆设

左/黏土、记号笔、削铅笔刀等，统一摆放着画画、做手工以及学习所用的物品。

右/摆列着自己制作的作品及非常喜欢的物品。如此按目的分类，就不会发生因慌慌张张拿取自己心爱的东西而损坏的情况了。

挂起来

东西没在眼前就得去寻找，寻找就得花时间。挂成一排，东西在哪一目了然。

上/老公的衣柜。当季的衣服都在衣架上挂着。一眼就能望见所有衣服，要选哪件非常迅速就能找到。用衣架挂起来，洗后也不用费时间去叠，非常省事。

下/孩子们的物品重置时间是上学前和玩游戏之前。在上学后随便扔的东西，最终会走上"捡起来——暂时保管——处理掉"这条道（第49页）。不想被扔的东西就赶紧先拾起来放到袋子里。

重置

东西被集中在一起，然后又会散落各处，所以需要重置，养成定期收拾整理的习惯。

孩子把东西塞满书桌

　　我有一个大烦恼，就是孩子早上向我哭诉："妈妈！东西找不到了！"为了让孩子容易找到东西，我对收纳做了仔细分类，反而成了孩子找不到东西的根源。

　　看看我家孩子，完全沉溺于游戏中，他们所谓的收拾整理，仅仅是把东西往手边的抽屉里一扔。书桌抽屉里经常是满满当当的，也不记得把东西收拾到哪个抽屉了，从三个抽屉里找出要用的东西简直太难了。书桌成了一个大大的收纳工具。

　　无奈之余，我干脆让他们把东西放到一个地方，把收纳场所缩小为一个，明确物品的寻找场所。试着把书桌撤掉，把学习用品放到一个盒子里，玩具用品放到另一个盒子里，孩子竟然会自己管理了！虽然他们在盒子里叮叮咣咣找东西也有所不便，但他们不再"那个在这、这个在那"地来回找了，我觉得轻松了很多。总算没白费劲，早上叫我找东西的声音少多了。

　　关于收纳的基本原则，按照别人的说法是把物品分类、分散收纳比较好，**但如果你遵循这个原则仍然收拾不好，就不必刻意照搬。收纳的关键并非参照别人的正确答案，而是寻找适合自己的正确答案。**

　　关于孩子房间的收纳，关键是打造一个孩子易于管理的结构，让他自己能够收拾整理。如果是书桌的原因，使得他们总是丢东西、收拾不停当，妨碍其自立，那么我觉得书桌就是无须拥有的东西。

原本一开始是因为孩子在自己的房间学
习觉得寂寞，于是在餐厅学习。也给他们准
备了书桌，但最后也没用上，反而成了收纳
工具，于是处理掉了。

GIRL'S ROOM

女儿的收纳

女儿有发育障碍，
所以她的房间收纳结构尽量简单化。
在布局和收纳工具上下点功夫，
使得所有物品都尽收眼底。

摆成一列

　　收纳学习用品及文具的角落。结合收纳箱深度，自己动手制作了收纳架，兼用书桌。物品前后无重叠，摆成一列，没有死角。

利用颜色记忆

　　容易混杂的纸类，利用不同颜色来帮助记忆。准备了三种不同颜色的收纳箱，分别用来放教科书、绘本、照片及画。物品一躺就隐藏看不到了，所以箱子里灵活运用了隔断来相互隔开。

一目了然

　　使用透明盒子+标签，里边有什么东西一目了然。即便使用过程中东西乱放，因是透明材质，从外面可看到，就可轻松找到。

内衣也挂起来

　　衣服的收纳原则就是"可视化"，短裙、打底裤也可挂起来。了解"东西在哪儿、有多少"，在制订洗衣和搭配计划时就容易一些。

自然是我的专属室内装饰

我老公经常调动工作，然而每次搬家时我看到"空无一物的房间"，却没有一次有清爽之感。

不过，当自己家的物品大幅减少，一个"空无一物的房间"被腾出来时，我就会对其倾心不已。百叶窗上那片片叶子形成的影子，仿若光之艺术在地板上尽情描绘。我之前一直坚信漂亮屋子是用物品装点出来的，现在这个想法被瞬间击碎。

一般认为极简主义者的生活方式是日本禅学的再度演化。看京都的寺院等日本古老建筑的照片，就会发现房间里虽空无一物，却有一种整齐的美。将院子里的植物、枯山水的沙纹等这些外面的自然风光引进来，可作为设计装饰来欣赏。

"不在房间放置物品，也不用小物件装饰，这样真的会让人愉悦吗？"大家的这个疑问，我也曾有过。但请你试着去改变：撤去装饰品和画，打开窗户让光照进来。我希望你关注一下随时间变换的屋子。早上七点把房间染成橙黄色的阳光，下午三点院子里白蜡树长长的影子……你会发现很多物品之外的美，感叹"为什么之前我没觉察到呢"！

东西用得越久，越有韵味，因为是"自己的东西"而倍加怜爱。另外，与自然共呼吸，自然就会回赠你"独有的私人时光"，**即使没有多余的东西，也会拥有"我独有的特别的东西"**。

房间里只有凳子和灯。
窗外的翠绿风景代替了室内装饰。需要桌子时，可用折叠式桌子。

BOY'S ROOM

儿子的收纳

儿子经常嫌麻烦，不管什么东西，
总想啪地往里一扔就不管了。
于是我便对他的收纳不作细分，只归置到一个地方。
只是，数量的增加是致命伤，
所以要适度整理。

前后不重合

　　旁边摆放着衣橱。除了儿子的学习用品，还收纳着我的针线活工具及非当季衣服。收纳箱是摆成一列的，所有的东西都好拿好放。

衣架收纳一目了然

　　T恤及运动衫都挂在衣架上。衣物可遍览且好找，整理也是一眨眼的工夫。上衣与裤子左右分开。布料收纳桶里是绒布玩偶。

空箱子促进整理行动

　　左边的抽屉里放的是印刷品及光盘等物品，是暂时置物处。满了的话不需要的东西就移到右边的空箱子里，一时用不到的就丢进垃圾箱。

常用品放到钟表下边

　　耳机、漫画、租赁录像机……装饰架子上放着频繁使用的东西以及要归还的东西。每次看表就能看到，所以不会忘。

左上 / 全部拿出来清扫，首先要把东西都拿出来。东西数量并不多，大概需花五分钟左右。拿出的同时，顺便可以确认下物品的用途。

左下 / 全部拿出来后，把里面擦干净，结合使用频率，再把东西放回去。

当我想审视生活或心里乱糟糟的时候，我就把厨房里的东西全部拿出来清扫一番。

清扫时，顺便把东西再重新认识下，就会发现，在不久前还被我当作会用到而留下的东西，竟还没被用过。自己坚信"绝对会用"，结果却并非如此。认为"这里是它的最佳归宿"而收纳进去的物品，其实还有别的地方可放置，即"别的地方"才是它的最佳归宿。通过全部拿出来清扫，可一边重新审视物品，一边想："放在这儿真的对吗？会不会错了？是不是还有更好的放置场所、更好的做法？"如此这般回顾一下，开一个小型"自我会议"。

收纳也是如此，思考和行动并非一次敲定好就万事大吉了，要时常自我反省。比如即便公开说过自己是极简主义者，但妄言"我这一生都要穿白衬衫度过"，这样的人生就毫无色彩。不是避开缺点，而是要充分认识到缺点之后再决断。**全部拿出来清扫、自我反省，就像下决心"好的，就这么干"的一个仪式。**

另外，在全部拿出来清扫过程中，发现"这个从来没动过啊"这样的东西，那它就是要"丢弃"的对象。我家东西少的原因很大程度上就在于经常全部拿出来清扫。

舍弃不需要的东西，房间就会变干净，也易于收拾整理了。通过全部拿出来清扫，关注并审视自己，屋子自不必说，也让心情保持清爽了。

我把原本存在的门拆掉了，成了"可视化"厨房。里边没有隐藏无用的东西，定期清扫也很方便。池子下边放着垃圾桶，每天打扫起地板来也很方便。

一归置就结束

把东西放回固定的位置，就会心理暗示整理完家务了。没在固定位置的话，心里就会焦虑「必须要收拾下」。

上/水池子上边的吊柜。在容易够着的下层放盐和糖。池子上一没有东西，擦拭清理就会很快完成。

左/炉子下边确保是存放电饭煲的地方。如果它在这里的话，就证明"现在不用做饭"。水壶和洗涤剂也一样，每次用时才拿出来。

东西通过分类就易「找到」

小东西混杂在一起就难以找到。所以用小盒子给它们分开，每个物品有其固定位置。

橱柜下边的抽屉。把刀具和橡皮圈分别放到各个盒子里，很容易找到，拿出来也方便。老公常用的计量勺就放到手跟前，一眼就能看到。

通过整理总结，一切清晰明了

东西放到固定位置，满足了家人「它总是在这里」的这种期待。

冰箱的门。调味料和饮料放到左侧收纳。寻找范围被限定，找东西就很快。买东西前确认库存时也很方便。

不要被『总是很干净』这个想法囚禁

家里东西到处散乱时，我就会表扬自己："我这么努力！"这话听着奇怪，但收拾整理和暂时集中精力做一件很重要的事有这样的因果关系存在。

我们新搬的家是亲戚留下的不良房屋，到处塞满东西、霉迹斑斑、重度脏污，不修缮就没法住。收拾整理、打扫、维修……要把面前的事情做完就已经筋疲力尽了。

家里现在称不上"总是很干净"，不如说"现在随便乱吧"。于是我决定原谅自己，"这一段时间，我要集中做什么事情，在这之前房间凌乱也没关系，你们就随便乱吧"！

专心做一件事，另一件事就会荒废，这很正常。与其看到凌乱的房间而情绪低落，不如对自己的努力给予认可："现在我努力得连收拾整理都顾不上了呢！"我们要是被"家里边必须任何时候都是干净的……"这样的执念禁锢，就会过于贪婪，无法专心于必须要做的事情，从而徒增心理压力。如果经常全力以赴，那电量总有一天会耗完。所以与其盯着做不了的事情不放，不如想想已经做完的事情，让思想稍微放松一下。

另外，有些天也会出现"不知道为什么，就是提不起精神来收拾整理……"的状况。若有压力或烦恼，大脑和心思都会往那边集中，即便身体不累，心也会很累，如此一来，头脑就会不好使，就无法好好收拾整理。

　　孩子们的房间也并非"总是很干净"，看到他们的东西随处散乱，就会意识到这是他们心情变化的外在表现。当画的画随处乱放，就表示他们精神不佳；当拿出平时不看的书并且就那么一直放着时，就表示他们正在为什么事情烦恼……他们散乱的方式中暗示着那天发生的事。若是家里"总是很干净"，就不能发觉这些信号，所以，某种意义上这种散乱可以让我们更好地了解孩子。

　　杂志上刊载的擅长整理的人收拾得"总是很干净"，这是一种理想状态，让人非常憧憬。但是在现实生活中，我们的目标应该是"有时不干净也 OK"，并非是"总是很干净"。

　　人也好，房间也好，自然都是随着心情变化的。可以帮助我了解家人的状况，及时做出调整。

家务整理

PART3

天天不间断做家务，因为不做家务我就不能保持心情平静。通过每天打扫，确认现时状况，调整一天的理想状态。这是衡量心情及身体情况的重要指标。虽说如此，我也有擅长和不擅长的事情。例如，我非常不擅长做饭，但也在想方设法让自己喜欢做饭，现在已经有一点点进步。

那些生活中会变化的家务活

"什么动物早上四条腿，中午两条腿，晚上三条腿？"

这是希腊神话中的著名谜语，答案是：人。孩提时代用四肢爬，长大后两条腿走路，年老了又要拄个拐杖就变成了三条腿。

就像人随着年龄增长走路方式会发生变化一样，生活也在变化。我家里最初是一个人，然后变成两个人，恍然间就四个人了，现在是六个人。单身时期，洗衣服是三天一次，但现在洗衣机一天就要转动 2~3 次。

现在新搬的家是个独幢老房子，湿气很重，以前一星期晒一次被子，现在晴天晒被褥是必修课。另外还有每天早上的霉菌检查与雨天保持被褥干燥等家务（此前没有做防潮措施的强烈意识，现在作为新的家务活加进去了）。把一家四口的被褥从房间拿到院子里去晒，再收进来，这个作业十分繁重，但晚上睡觉时，躺在留着阳光味道的软绵绵的被褥上真是最幸福的事了，于是我就会觉得这是家务活对我的褒奖。

新生活中发生变化的还有其他事情，比如我跟老公的家务分担。之前亲戚留下来的大量物品的清理，我们要住的这个家的打扫，还有老公祖父住过的小房子及仓库的整理。我家的原则是每人承担各自擅长的事情，所以收拾整理及打扫由我来做，但是这么大规模的整理打扫工作，我自己一边要做家务活，一边要照顾孩子，难以全部揽下。于是就把做饭一事全权委托给擅长做饭的老公。他也很配合，跟我说："你发挥你擅长的事情即可，我来做我能做的事情。"

右 / 新家的家务活增加了防霉菌措施。洗涤剂也增加了，现在正在试用防霉剂，厨房也换成了IH（电磁加热技术）智能型烹饪电器，准备了专用的洗涤剂。

下 / 晴天必晒被褥。晾晒频率虽高了，但是躺在软绵绵的被褥上睡觉也更享受了。

　　不用鸡蛋包住，直接把鸡蛋轻轻
放在炒饭上，再放上番茄沙司即可。
年轻时在餐饮店打过工的老公，对试
制新料理也非常积极。

有两把刀，我用不锈钢的。图中是老公长年喜欢用的刀与磨刀石。因频繁用磨刀石磨，所以刀只剩下了一半厚度。

　　尽管周末一直都是老公为我们做他的拿手饭菜，但每天做饭还是头一次。老公如是说："偶尔做与每天做，感觉完全不一样啊……我每天都要做家庭主妇的活儿啦……光是每天思考做什么饭就很累，还要考虑将花销控制在预算范围内，并且还得考虑到家人的健康。说起来轻松，但做起来难啊，亲自试一下才知道。"

　　我想要不是这次借开始新生活的机会，我不会把做饭全权交给老公。我之前说的"退休之后，我们生活要分担家务啊，你负责做饭，我负责清扫和洗衣服"，没想到这种生活提前二十年开始了。我们在完成祖父的房子清理工作后，还是会回到原来的角色分担：老公工作，我做家务。但是如果之后我开始做新工作，到时要再和老公商量。

　　生活发生变化也可以说是变换夫妻间角色的时机，原则就是简单地做力所能及之事。日常生活中，即使很小的事情，揽过来自己会做的事情，给对方留下他力所能及的事情，如同语言的投接球游戏一样。通过彼此分担家务活，我家得以度过了"史上最大一次收拾整理"这一人生困境。

　　往后再回顾这一切，我会想到"那个大困难时期，老公替我包揽了一项家务"，就会觉得从此我家家务活我有了后援。

单任务挺好的

孩提时代，我的梦想之一便是拥有一个家。

长大后，我的梦想实现了。可是，在结婚、生孩子、养育子女的过程中，我情绪非常低落，深感家庭主妇的辛苦与自己的无能，工作的同时还在担心家庭……经常处于几项工作平行处理的多任务模式。更何况老公工作调动频繁，需要经常搬家，处于可依靠的亲人与朋友较少的环境，于是，总是很苦恼："为什么玩儿不转？"

有一次我突然发觉，"是不是因为我总试图做好反而更做不好呢？"于是，我改变了想法：并非所有事情都要做好，去把自己擅长及喜欢的事情做好就可以了。

此前每当我看到别的主妇做的料理，就会很气馁，"我可做不了这么好"，然而虽不擅长做饭，但我擅长收拾整理以及打扫，聚会需要时，可随时提供房子！当把人邀请到家里时，就像自己发挥了很大的作用一样，让我信心倍增。

做饭、打扫、收拾整理、家庭账簿管理、养育子女、与周围人交流……与其一直对自己不自信，觉得"这也不顺心，那也不称意"，不如先挑出一样获得自信："虽然那个不行，但这个我会做哦！"放下"做是分内之事""理所当然要会做"这样的压力，就像背上生出了翅膀，家庭主妇这个工作重担也变轻了。

做不了的事情就是做不了，这样明确说出来，就会避免对做不了的事

家务时间表

某些日子负责

　　家务活的分割单位基本上都是一个小时。从图表中可得知，我是单任务型，专注于"这一个"，而并非"那个也干、这个也做"。多任务同时处理时，时间会具体数到每一分钟，日程图也会更细化。

情装作会做。我之前"这也不顺心，那也不称意"的原因就是会不自觉地对别人、对自己撒谎。

　　从同时处理多项任务的多任务型转变为专注于一件事情的单任务型，20 世纪现代主义建筑大师路德维希·密斯·凡德罗说过"Less is more（少即是多）"，即他认为简约明确化会创造出更好的设计。

　　我不擅长做饭，擅长打扫和洗衣服。**我想谁都有擅长与不擅长的事情。从中选出一个，自己的立场及家人的状态都很清晰，就会描绘出更好的生活图画。**

扫除注意事项

每天早上都要做扫除。
地面也不怎么脏，
无须大规模清扫，
所以用最小限度的打扫工具就可以，
比如笤帚和抹布，
打扫时也不会发出声响。

我打扫是从早上 5 点开始的。笤帚不会发出声响，也不会吵到家人。每次用笤帚一扫，我心情就会变平静。

基本原则是用清水湿擦即可

地板上和搁板柜子上的污垢用拖布或抹布清水擦拭。污垢的脏污程度与时间成正比，所以若是每天都擦，用水很轻松就能擦掉。只有用水擦不掉的油污或水垢用洗涤剂擦洗即可。

笤帚是万能的

我没有买袖珍拖布及毛掸子。用笤帚就可以把搁板柜子、窗棂、窗帘轨道等的尘土一扫而净，地板上的尘土和垃圾也可一起扫除。

对于脏污，要当即下手处理

水渍一放置不管、之后再处理就会觉得很麻烦，所以每天洗澡后都把水渍擦干净。用旧毛巾一擦，就不必再专门去取抹布。诀窍是早期发现、早期处理。

洗衣注意事项

洗衣服眼看着就能出结果，
是我喜欢做的家务活之一。
因为用衣架收纳，
所以也省去了叠衣服的时间。
缩短了劳动时间。

新打的盥洗台，自己动
手安了架子。中间的抽屉盒
子，放着家人的内衣及袜子，
从上到下依次是老公、我、
儿子、女儿的。放回也是往
这一个地方一放即可。

不再使用柔顺剂

上/搬来新家之后，就用棉和亚麻布料做衣服。天然纤维的衣服，穿上去美观舒适，不再用柔顺剂做软化。

左/容易有味道残留的袜子和内衣，用香皂着以香味。把囤的香皂从箱子里拿出来，夹在中间。

需折叠整理的只有三件

晾晒用和收纳用衣架都有备齐，衣服晾干之后直接放到衣橱里即可。需折叠整理的只有用晾衣夹夹着的毛巾、内衣和袜子。

显眼的地方放置白色物品

不同颜色分区晾晒，一目了然。显眼的地方放毛巾及床单等白色物品，不显眼的地方放彩色物品。

左上·下/上午从购物到回家。
不擅长做饭，可选在宽裕的时间段
进行，也会渐渐喜欢起来。准备准
备食材，咕嘟咕嘟煮着的土豆炖肉，
这些对我来说也是一份心情的营养
补充剂。

家务活因时间段合适而变得受欢迎

我非常喜欢熨烫衣服。

然而即便再喜欢，每天下午五点去做也会变成让人苦闷的事情。我思考了一下，傍晚我要开始准备晚饭、洗衣服，还要处理孩子们的事情，终于意识到原来我是讨厌傍晚时间总是在慌乱中度过的这种状态。

我的理想情况是，下午五点时心情从容自若，边看新闻边与孩子们杂谈。生活不是每天在紧张中结束，而是在日落时分发发呆，细细品味一天的最后时光……

所以我决定，熨烫衣服赶在孩子们回家前的两个小时（下午三点）来做。随着衣物褶皱一个一个被抚平，就能感觉到即将结束的个人时间还掌握在自己手里。对我来说，熨烫衣物能让我感受到"个人时间即将结束，在结束之前要好好品味"。

在我看来，对家务活的好恶取决于做家务的时间段，而并非家务活本身。我不擅长做饭，并非讨厌做饭这件事情，而是"讨厌开始做饭这个时间"。我讨厌傍晚时在慌慌张张的氛围中被时间追赶着做饭，我喜欢在时间宽裕、心情放松的上午准备食材，能快速出锅的生姜烧猪肉及肉末茄子是我常做的经典菜品。但是中午前做的话，土豆炖肉等工序比较复杂的菜也能愉快烹调。

家务活选择在合适的时间段进行，然后决定如何度过这个时间，这一点非常重要。

「例行公务化」是我的风格

　　很多人问过我："我剁手太多，非常苦恼，小山你是怎么控制自己物欲的？"

　　我控制物欲的方法之一就是：对家务实行"例行公务"。按照自己定下来的家务时间表，每天重复做相同的家务。

　　长时间忙于工作和家务，欲从压力中解脱出来时就会想要褒奖，购物就成了人们的解压方式。心理学老师曾经说过："人们都会觉得讨厌的事情是压力，但其实喜欢也是很大的压力。"我觉得老师说得很对。讨厌的压力想用喜欢的压力来抵偿，欲把负 100 的心情平复至 0，就想要褒奖。但若这褒奖不是正 100，而是正 150，你就又有了正 50 的压力，然后就又想把这正 50 给消解。

　　压力即刺激，对现存的刺激习惯了，就想要更强烈的刺激。但到底怎么办才好呢？对这个问题,我的回答是"不要试图马上恢复,要慢慢去恢复"。心情若是负 100，明天就是负 99，后天就是负 98……一步步恢复至 0。这样就可切实恢复至 0 这个目标，然后和平时一样度过。为了"把消沉的情绪及高昂的情绪回归平淡"，每天重复做相同的家务，这样非常有效。我的心情一点点恢复正常，就像当你听到喜欢的老歌，心情就会时光穿梭至从前一样。我敢说依靠身体记忆达成的效果，正是家务"例行公务化"的价值体现。

　　另外，家务"例行公务化"也是反映自己的一面镜子。当"今天不知道为啥身体总也不想动"的时候，就是你在勉强的信号。**总是在做同一作业、**

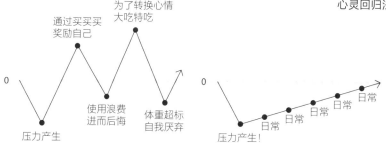

通过买买买
奖励自己

为了转换心情
大吃特吃

0

压力产生

使用浪费
进而后悔

体重超标
自我厌弃

0

压力产生！

日常 日常 日常 日常 日常 日常

左 / 压力一大，就会买东西来奖励自己，以此试图消解这份压力，但是超过了限度，就又产生新的压力。如此压力消解与产生反复发生，什么时候都不能到达 0 的状态。

右 / 家务活"例行公务化"，每天重复相同事情，不觉间一点点向 0 靠近，从而恢复平静的心情。

同一操作，一点点细微变化就会很容易察觉，进而了解到是身体状况不好了，或是需要重新审视时间的利用方法了。

我今年定了一个目标——"不得改变"。为什么会定这个目标呢？是因为去年出版社那边说到要帮忙出版这件事情，客观来看可以说我真的非常开心，但同时也感到恐惧：有了更多表扬的声音，最后我会不会因此而产生错觉，弃家人于不顾？

其实我是个容易受人煽动而得意忘形的人，所以我才想要保持不变。然而今年春天，我们却搬到了老公的老家开始与公婆共同生活，人有时果然是不得不变的。改变很难，但是不变也同样很难。

并非每日都是晴天，有时也会下雨，就像人们无法选择天气，人生中也有许多无法选择之事。但是，**若凡事皆可选，人生也许会失控。为了不至于此，至少那些自己能够选择的事情，我想好好做出选择。通过把家务"例行公务化"，坚守自己，将其当作一面镜子反映出自己的现状，从而实现所定的目标。**

家务"例行公务化"是我为了人生中做出"适合自己的选择"而必须要做的工作。

一点点开始，一点点增加

"女性是矛盾的动物，她们喜欢结果，但又讨厌过程！"

电视上某个心理学者如是说。看到这里我不禁提高声调回应："是的是的！"对此我深有同感。

我非常不擅长做饭，但是非常喜欢做完的菜。特别是当饭菜装盘造型很美时，就不禁想表扬做菜的人："真是太棒了！"这时我都会差点儿忘记自己不擅长做饭了。

这样的我，很想为家人准备有营养的饭菜，于是刚开始尝试做的就是备菜。每天为家人多准备一道小菜虽然有些费时间，但只需每周做一次芝麻拌菠菜，然后保存做备菜。像增加一道菜这样，增加新家务时，一点点来，一点点改变。

关键在于，一项事情只做一个，这就非常简单。过去失败的原因就是过于理想化。做"平时不会做"的数量，然后情绪很高昂地叹道："哎呀太棒了，我要做的话，这不也能做嘛！"之后就会觉得太赶鸭子上架而最终放弃……

开始做一件新的事情时，要把门槛放低，然后坚持下去。**首先要了解自己每天可以跨越的难度。**我是从芝麻拌菠菜开始的。如果你总是想着要把这道菜做得美味，最终反而会不顺利。为什么会这样呢？这就跟"打造一个养眼的房间"一样，心里一直念着"做一道养眼的料理"，太在乎结果，在完成的过程中有点畏首畏尾。但是，对我来说，最初定的目标就比较低，所以当把做好的饭菜盛到盘子里时，"好漂亮！""做得太棒了！"这种欣喜之情就会溢于言表。

女性就是喜欢结果、讨厌过程的。通过把这个讨厌的过程清除，那些不擅长的家务就能一步步向前推进。

上·下／开始做一周一次的常备菜。芝麻拌菠菜做好之后用保鲜膜包裹冷冻保存。既守护了家人的健康，也提高了饭菜的满意度，对我来说是向前走了一大步。

家务活全员参与

新家厨房用的是 IH（电磁加热技术）智能型烹饪电器，做饭时不用担心起火的问题，可以放心把做饭的事情交给家人们。

　　搬到新家两个月后，我因身体原因倒下了，大概是搬家累的吧。在床上躺了将近一个月，这期间，老公和孩子们帮我分担了家务。老公和女儿负责做饭，儿子负责浴室打扫及洗衣服，收拾打扫房间等很多事情也都帮我干了。

　　搬家后不久，发生了一件事情：餐具连续被摔坏。老公摔坏、孩子们摔坏……费心思选的餐具，被摔坏的瞬间是很伤心的。但东西早晚会坏的，餐具摔坏了就算了，只要家人没受伤就好。但问题是家人们都很沮丧，"餐具又被摔坏了……自己帮忙反而招致麻烦"。看到这种情形，我也很痛苦，于是找老公商量。

　　"那换摔不烂的密胺餐具不就行了嘛，我也会把餐具打落摔碎，密胺材质的就能放心轻松去清洗，可省事了。"

　　老公三言两语点醒了我，我就把餐具放到了"暂时保管箱"里（第21页），购入新的密胺餐具。**密胺餐具不易破碎，也让家人们可以从"会不会再摔坏"这种不安中解脱出来。**另外，这种餐具很轻很好清洗，布菜及用餐完毕后收拾也很顺畅。只将餐具一变，家务活门槛就大大降低了。

　　购置新餐具时，我们一般会选择买自己喜欢的餐具。但家不是你一个人的，是大家一起支撑起来的，所以要选择大家用起来好使的餐具。家务活做起来方便，家庭危机也就减少了。

将餐具换成了密胺制品，清洗餐具及饭后收拾，家人也能轻松帮我了。其外观比不上瓷器，但家人的笑容才是我家最丰盛的菜肴。

上 / 把清洗餐具的家务交给女儿，她却不能把餐具放回原来的位置。但只要洗净擦干就 ok，下次就能继续用。

下 / 褶子没抻平就晾晒的毛巾，证明这是"除了我之外家里其他人"晾的。做了这些，就帮了我大忙了，我还奢求什么呢。

扔掉家务中的『贪心』

我生病时，家人帮我分担了家务。这么说你或许会认为，"小山的家人好棒啊，家务活也能做得很好。"其实并不是这样的！杂志上经常会有这样的主妇抱怨："老公帮我做家务是挺好的，但他会把毛巾弄得皱巴巴的，弄成这样不帮也行。"没错，这皱巴巴的毛巾正晾在我家的院子里。

把自己的贪心说出来的话，我希望他晾晒时能把褶子抻平。但是，老公下班回家，身体已疲惫不堪，还好心帮我晾晒毛巾，已经很不错了。毛巾洗洗、晾干就完成了最基本的任务。毛巾脏兮兮或是湿答答的，家里一块能用的毛巾都没有，这样才头疼呢！

家人能搞定家务活的诀窍就是"力所能及"之事要一点点增加。一开始毛巾晾晒得皱巴巴的，其实也 ok。他们能够对我说，"你很辛苦，我帮你吧"，如此行动起来，我就非常开心了。他们明明想帮你，却被你说"这也不行，那也不行"，就会把他们想帮你的心情扼杀在摇篮里，"你要这么说我的话，我就不想干了哈"。

"把自己的贪心说出来，主要是想表达我希望你这么做"，你想说的这点我很清楚。但是在这里，我们还是暂且把贪心扔掉吧。不要责备他们"这也不行，那也不行"，而是要培养他们做家务活儿的干劲儿。我自身的情况也是如此，有时会责备自己"那件事没办好"，但请务必找出一个做得好的地方表扬自己。

不要追求完美，先是要尝试，然后表扬自己的优点。对自己对家人都如此，名为"做好了"的小芽就会慢慢成长。最终，家人之间就会互相帮助，一家人的凝聚力及自信心也产生了。

PART4
育儿整理

即使现在被问道『你是好妈妈吗？』

我可没有自信断言『恩，是的！』

但至少我会觉得现在的生活状态比较贴近孩子们的人生。

我自己变得可以简单思考事物，

从而也能了解到他们非常重视的是什么。

聊聊我的育儿经

　　抛开浪费时间和人生的事情，专注于重要的事情。

　　我对这样的生活方式很心动，原因是我自己"曾经是一位不怎么好的妈妈"。在儿子上小学、女儿上幼儿园之前，我非常情绪化，甚至语言粗暴，有时还会使用暴力。那时的我，非常拼命想做个好妈妈。当我意识到这个问题时，我发现当时的状态是：我太盲从于周围人的评价"小山养娃，那是没得说的，真的好棒"，却没能珍惜最重要的家人，经常参加地区活动以及 PTA 活动、与小学和幼儿园的妈妈朋友们交流……缺少了与家人的沟通。为了让家人们从心底接纳我，我必须成为一个"好妈妈"，这种想法让我的内心一直很焦虑。

　　女儿有"自闭症"，情绪不稳定，有时行为、举止会给周围人带来麻烦。在女儿的发育障碍诊断出来之前，我也责备过她，"你怎么就这么让人不省心呢？"由于我对发育障碍的无知，又过于害怕周围人的评价，女儿精神上承受了很重的压力。

　　没结婚前，我刚开始一个人生活的时候，母亲（如今已过世）曾经对我说过："现在已经无法弥补了，妈妈当初要是对你们再好一点就好了……"母亲代替父亲支撑了一家的经济，她一直坚信只有拼命工作才可以让家人幸福，由于太忙，就不由得对我们这些孩子严厉了一些。母亲总想着不让孩子们一来到世上就受苦，这一点我也是。每当教训过孩子们之后，跟母亲会有同样的感受,明明想对他们好,结果却总是适得其反……有一天早上,我想把儿子送到幼儿园,于是就朝车库走去,突然眼泪就毫无缘由地簌簌地往外淌,怎么也止不住。我觉得"啊,我已经承受到极限了"。

之后,我就反观自己,开始自我反省(第 61 页):"我到底是背负了太多什么东西以至于这么痛苦?""为什么要这样勉强自己?"通过自我反省,我了解到我太在意别人的眼光:"做了这样的事情被人笑话怎么办?被人批评怎么办?"想做的事情克制自己不要做,会衍生出多种心情,几种相反的心绪强烈交织着,心真的很累。清楚这一点后,我就好好整理自己的心绪,开始行动,于是被那些不真实的感情以及他人的意见所摆布的事情明显减少了,也对自己的决断产生了自信。

儿子上小学二年级时,我跟他道歉了:"我是个不怎么称职的妈妈,抱歉呀。"通过道歉,我跟孩子们的关系修复了。母亲的话一直刺在心间,突然发现,我跟母亲背负着同样的后悔情绪。**或许当时做法不对,但我跟母亲后来已经尽可能做出了最好的调整。**

想到这一点,我就可以原谅母亲和自己了。并非因为愿意不幸才不幸的,而是太把幸福放在心上才感受不到每天的幸福,我在幸福中反而迷失了。

有着发育障碍的女儿不能"自己整理好衣服",为了在学校方便换衣,我都是让她穿自己会穿的连衣裙。有身体障碍的女孩遭遇性侵犯的概率可不低，于是我嘱咐女儿："我们不知道世上有什么样的人，为了防止不好的事情发生，你要用衣服好好保护自己。"我开博客的原因，也是想要对那些跟我女儿一样因发育障碍而不擅长整理的人们，或因此苦闷的人们以及跟我一样"因为做不了的事情太多而无法喜欢上自己的人"说："做不了也没关系的。"

也许，没有母亲对我真诚的后悔之意，就没有现在的我。过去无法改变，但我们可以改变现在。母亲的勇气改变了我，给予了我力量。我还是一个不成熟的妈妈，时常想回避自己的缺点，所以偶尔还会犯错。

拿出勇气把搁置的问题重新摆到面前，直面它，你的人生会更加开拓。**可能有时你会心存侥幸，觉得随着时间的流逝问题就会消失，但不可避免地又会碰到与过去相同的问题。当你碰到问题时，关键是要直面问题、正视问题，而不是想"干脆怎么怎么……""没办法""这个才对"。**

对我来说，关于父母的记忆存在心里，并非寄托在某些物件上。而女儿的相簿里，还珍藏着被外婆抱着的照片。

父母做出表率，让孩子尝试去做

　　前些日子老公做的金枪鱼盖饭不合儿子口味，他不吃，啃了几片面包。老公就提醒儿子"你这个态度可不好哦"，于是以"金枪鱼事件"为契机，我们开了个家庭会议。我家发生事情时就会开个家庭会议，大家一起来聊聊。

　　儿子说："爸爸这个人真是的，明明当妈妈做饭的时候，他认为不合口味也吃别的，现在同样的情况，却认为自己没错，都是别人的不对。难道不是这样吗？"说的确实有理，听到这话，我笑了，但这种情况，在我家都是大人先道歉的。

　　"是的呢。我认为确实爸爸也跟你做了同样的事情。他自己一旦站在了妈妈的立场上就知道妈妈有多悲伤了。但是，你对做饭的人说'不合自己口味我就不吃'这种态度很不好哦，爸爸不对，那你下次也不要用这种态度了哦。"

　　在我家，这样的对话有很多。提醒孩子的时候如果被孩子说"妈妈也没好态度"时就会承认，跟孩子道歉说"我也不对"。说实话，有时也很恼火，但如果希望对方听自己说话，首先要真诚地倾听他人说话，大人首先要给孩子们做出表率。如果对孩子们指出的问题置之不理，即使对话还在进行，但在孩子们的心里，"妈妈也不对"这个念头还是在他们脑子里到处窜，你说再多的话，他们也听不进去。

10 岁，成人一半的年龄，孩子们迎来了有纪念意义的1/2 成人礼。这是两个孩子给我写的信，是唯一留下的载满回忆的纪念品。

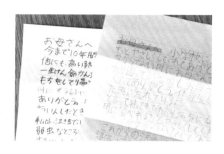

"做给他看，说给他听，让他尝试，然后表扬他，非如此不足以使对方真正行动。"

这是我家育儿的基本原则。

首先大人们做出示范（**做给他看**），跟他说"为什么要这样"（**说给他听**），即使失败也没关系（**让他试着做做看**），然后表扬他"人都是会犯错的，这次明白了就是成功"（**必须给予表扬**）。在"金枪鱼事件"中，我跟儿子说："只要你明白将来你不可以跟恋人及家人采取这个态度就可以了。"

在家庭会议中，父母跟孩子都会提出意见。父母的意见是以自己的能力为前提说的，因此会觉得与孩子的能力有偏差。为了消除偏差，就要让孩子们说出自己"做得到的事情以及做不到的事情"。因为是孩子们的意见，有些事情你难以认可，但执行人是孩子，就交给他们自己决断吧。

左 / 今天家庭会议的议题是"金枪鱼事件"，最后得出的结论是："对味道的意见，我们不能从否定入手，可以跟对方说'你要是这么这么做，那我很开心的'。以类似这样的方式把你的意见传达给对方。"

"对话、倾听、认可、托付，否则孩子就不会长大。"

"金枪鱼事件"之外，"因游戏机的使用兄妹两人吵架"也是诸多议题之一。儿子跟女儿都各自说出利于自己的意见（**对话**），给予理解（**倾听、认可**），然后让他们思考："那么，你们互相站到对方的立场上想一下如何？"再让孩子们把他们的解决办法写到纸上，进而让他们执行（**必须托付给他们**），自己的决断自己负责。在此期间，大人基本上就充当一下主持人的角色，起到推进会议的作用。然而如果哥哥打妹妹，超过了事物的度，父母就会给予严厉警告。

"他们在做，你以感谢之心守护他们，给予信任，人才会变成熟。"

孩子们还小的时候，帮忙做家务有时会让你哭笑不得："这也是帮忙？！你快别做了。"洗完餐具后木碗里还留着洗涤剂泡泡呢，晾晒个衣服就给弄得皱巴巴的……即使这样，他们能够说"我帮你吧"并且快速行动起来就十分难得了。我认为与其在意结果，不如通过把事情交给孩子（**以感谢之心守护他们的好意**），让他们自己思考，为什么错了，之后该怎么做呢……这样引导他们得出自己的感悟即可（**给予信任**）。

比起不失败，屡遭失败更容易让人成长。我自己也不是100分的满分妈妈。即便自己是20分、30分的妈妈，儿子与女儿也会鼓励我、相信我，对我说："我好喜欢妈妈！"所以即使只进步一点点也好，作为母亲我成长了，我的老师是我的孩子们，他们教会了我"给对方以尊重"。

人们通过信任对方就会产生巨大的力量，就会成长起来。

女儿的表达方式是画画。一有时间就会画动漫角色或身边的事物。只要有一项擅长的本领，就能成为生存下去的法宝。

儿子好像将来想从事游戏或程序开发的工作，所以现在每月去上两次编程培训课。

在我家，孩子们从上小学起大人就对他们说过，"你们高中毕业之后要从家里搬出去哦"。

为什么要这样说呢？原因是不知道什么时候死神会悄悄来拜访，父母与孩子按顺序来讲是父母先离开。但我身边的人有的还没到我这个年龄，三四十岁就早早地过世了。万一我跟老公身体有什么变故，离开后也不能再帮助孩子了，孩子们就必须得靠自己的力量去生存。

趁现在我们还健康，还生活在一起，该教会的、该告诉他们的事情，我想尽可能地把这些能做的都做了，等到18岁，他们就能在社会上自立了。我也会经常测试他们：如果走向社会，自己的生存能力到了哪个程度了？

我18岁找工作，20岁离开家，从找房子到办理入住手续，所有过程都是自己独立完成的，经历过这些，也对自己产生了自信。他们会感谢，虽然说着"这绝对不行"，但却不反对，也会在暗处关注他们的父母。"你们有了自己的城堡，所以你们要努力哦，我们会支持你们的。"作为一个刚步入社会的成年人被认可，他们会非常开心。

让孩子去经历风雨，在平常的生活中，我们要锻炼孩子，家务家人一起做，分派给他们任务，总有一天他们会长大。让他们自己从开始到最后独立制订计划，然后执行。旅行也好，找房子也好，学习技艺也好，都是在成长。我自己也是，当育儿期结束之后，就脱离孩子自立，父母与孩子都在相互关系上迈出了一步。

儿子今年上初中二年级，马上就18岁了。坦率地说我会有点落寞，但我们与已经成熟作为大人的他们，彼此之间又会产生一种新的相处模式……我期待那天早日来临。

在家里挣钱

　　当我给孩子超过 5000 日元（约合人民币 300 元）的金额时，我会对他们说："这些钱是大人工作一天好不容易换来的哦。"

　　虽然我这么说，但孩子却不以为然。孩子们每个月的零花钱，初中二年级的儿子是 2000 日元（约合人民币 120 元），小学六年级的女儿是 1000 日元（约合人民币 60 元）。只在圣诞节、新年、生日时给他们的数额大点。除此之外需要钱时，我会让他们帮忙做家务来挣钱。洗碗是 100 日元（约合人民币 6 元），做晚饭 100 日元，基本上每项家务一律 100 日元。

　　游戏机"Wii U"发布时价格为 3300 日元（约合人民币 200 元），儿子自己攒钱买了一个。通过达成较大目标，他们就会在花钱方面产生自信，而且会对辛苦得来的东西更加珍惜、用心。

　　儿子凭一己之力买的东西就属于儿子，如何使用游戏机是儿子的自由，但电费是父母掏钱，因此游戏机用电定为一天一个小时，"游戏机让不让妹妹玩"由儿子决定，即便女儿说"哥哥不让我玩游戏机"，我也不会干预。

　　自己想要的东西要靠自己获得。我有时心里也会动摇："我要是掏钱给买，他们会很高兴吧。"但孩子们一旦习惯于让别人买，向别人借钱，长大后就会养成负债的毛病。想要的东西超过零花钱额度时，就干活挣钱，拿自己的时间来换取回报。**从小就培养孩子们在他们可决定范围之内靠自己的双手获得东西的习惯。**这，是我家的原则。

这是儿子 12 岁那年把零花钱、压岁钱、圣诞节及生日时收的红包存起来买的"Wii U"。挣钱途径主要是帮我洗衣及洗碗。

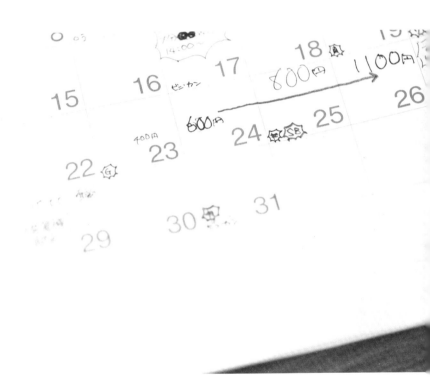

厨房日历上记着女儿的赚钱事项。这个月我比较忙，她干了不少活儿，一共挣了 1500 日元（约合人民币 90 元）。女儿准备拿它买照相机。

"什么都不做"的亲情

女儿非常喜欢做手工，她经常挑战各种手工。用雕刻刀刻出恐龙、做个橡皮印章，当然也有很多失败的作品，即便如此，我也不言语，只是从旁给予关注。

我 19 岁的时候，朋友跟我说："我们公司上司为人很好。他什么都不做，所以人很好。"我当时对这句话并不以为然，心里还有点疑问："明明什么都不做，人还很好……为什么？"然而，当我自己成了妈妈，站到要为孩子树立榜样的立场，我才明白这句话的深意。

女儿小的时候，想帮我干家务，她手里拿着菜刀，看得我心里悬得慌："哎呀，好了好了，把刀给我，让妈妈来做！"赶紧把她的菜刀没收了。心想"孩子可能会失败，干脆就不让他们尝试"，无意中就动手阻止，说出打消他们积极性的话。

儿子小学二年级的时候，有一次他把罐头递给我说："妈妈，这个帮我打开。"我问他："自己能打开的吧？"他居然说："我不知道开罐器怎么用啊，一直都是妈妈来开的，我连怎么用都不知道。"我愕然。

我一边紧紧握住开罐器，一边又感到非常后悔：有些事情大人做的话很省事，效率也高，这点确实没错。但在一旁认真监护他们、耐心教他们，这件事我一直没做。**我出于好心做的事情，却剥夺了孩子们的学习机会。**

什么都不做就在一旁监护，这点确实很难。只想直接把大人们知道的正确答案教给他们，不愿让孩子们尝到苦头，这就是天下父母心吧。但是回过头来看自己，那种艰难困苦的经历，在生活上起着很大的作用。因为痛苦，所以难忘。

不干涉，即为相信对方。孩子们教会了我等待的重要性。

责骂要小声

　　责骂孩子时，不由得就想大分贝嚷嚷："你……"

　　我也经常会这样，本想改一下这个不好的习惯，却还是会一不留心就大声震慑孩子。此时我想跟孩子说的话，他可能一句也听不进去，只会给孩子留下"妈妈很恐怖"的记忆。"如果不听话，就大声吓唬他，让他听话"，给孩子施加这样的"非语言性"的压力，就会发出错误的信号。

　　儿子小的时候，在超市打开了一包还未结算的东西，当场我就大声警告他："你这样可不行！"于是，被我的声音惊到的儿子就非常恐慌，大声哭了起来。我本想告诉儿子"你不能做那样的事"，但感受到周围刺眼的目光，还有被儿子影响到也在哭泣的女儿，我一时也慌了神。那种状况下即使我警告儿子，他应该也听不进去，即便儿子说"妈妈，对不起"，也是因为我表情太恐怖，而不是因为反省错误才道歉。其实，必须做出反省的人，应该是那个愤怒地对孩子说"你给我反省"的我才对。

　　孩子情绪高昂大声嚷嚷，我也被愤怒吞噬几乎失去自制力时，我就会对孩子说，"抱歉，你现在说的话妈妈很生气，你能不能去隔壁屋先待一会儿"，以保持距离。通过保持距离，间隔一段时间，相互冷静，等到心情慢慢平复下来再说话。

次日之前必须要洗的体操服，和孩子约好必须在 19 点之前告诉我。错过这个时间再拿出来的话，就第二天自己去洗。也有可能湿漉漉地就拿到学校了。

我觉得"触底体验"在育儿方面也是适用的。父母与孩子思维方式不一样，有时即使沟通也会相互不理解。当觉得亲子关系陷入僵局时，我就想起神学家莱茵霍尔德·尼布尔的"尼布尔的祈祷文"。

"请赐予我平静，去接受我无法改变的；给予我勇气，去改变我能改变的；赐我智慧，分辨这两者的区别。"

这句话经常被用于酒精依赖症的康复治疗。它原本是欧美教会口口相传的名言。

育儿及整理收拾如出一辙，孩子的房间就应该由孩子自己来收拾。这是孩子的问题，不是我的问题，我自己的问题我可以改变，但孩子自身的问题就必须由孩子自身去解决。

孩子的问题如果都由父母代劳的话，孩子什么时候都不会长大。我家孩子就长成了一个开不了罐头的孩子，要开罐头就来找妈妈："妈妈，开下罐头！"孩子不整理房间最后吃苦的是他自己，那就让他吃苦就好。他困苦至极，认识到"不收拾房间竟会让人这么头疼"，这时他就会觉得"我想改变"！

孩子的问题扔给他自己解决，不过多干预，当他自己穷途末路之时，孩子就会幡然醒悟。在我家想让孩子自己觉得"我想改变"时，就让孩子自己来场"触底体验"，这是最好的解决之策。

越是批判的人，声音越大

在养孩子过程中，有时会听到一些闲话，比如"隔壁班的 A 好像没交伙食费"啦，"B 好像忽视孩子"啦，等等。

即便经常听到的"大家都这么说"这句话也是，只有在 100 个人中有 100 个人持相同意见时，才可以这么说。但是实际想一下这是不可能的，所以那个人的谎言也就露出了破绽。我身边传的闲话，很多都夹杂着批判和责难。

以前，我看电视综艺节目时，突然意识到自己很毒舌，竟然只会说人坏话："这个演员老爱说谎""这个艺人马上就会退出大众视线"，我真是被这样的自己惊到了。通过批判别人，我们从错误的方向来自我肯定："我比他聪明""我比他厉害"。当自己没自信时，就会渴望自信。但是即便通过贬低别人抬高了自己，那其实也只是自我贬低。

我以前非常害怕被嫌弃或被批判。我朋友身上曾发生过这样一件事，在学校的监护人之间流传着一个谣言：我朋友虐待孩子，因为孩子脸上有瘀青——其实那是在路上摔的。朋友跟我一样，是个因工作调动经常搬家的人，即便说出真相他们也不听，还会加一嘴，"但是，好像是她干的"，于是她更加关闭心扉，与人越来越保持距离。

但是，另外一位朋友的话却让我内心波动很大，她说："不会说话的人就不要理会他……说这话的人不是很可悲吗。"是啊，真的很可悲，害怕别人的议论、把自己封闭在小天地中的我是"非常可悲的"，这句话温柔又很强烈地把我点醒了。一味批判责难别人是很可悲的，批判责难的对象也是很可悲的。

我们观察一下那些批判的人们，批判完并提出解决办法的人不怎么存在，并且我觉得即使那些说"明明这么做就行了"这样提出类似解决方法的人也是，当你问他"那么要是你的话你能办到吗"，他多半也会回答"我办不到"。

明明提出的要求自己都办不到，却要求别人照办，否则就给予批判。因为批判比行动要简单。当人们感到愤怒或者压力大的时候就会说话大声。或许这是一种错误的表达方法，他们可能只是想通过这种途径来拯救自己。

批判的人其实不恐怖——意识到这一点，我与周围人之间的交流顺畅多了。之前担心"说这话会不会被人笑呢""别人会不会说我傻"，而难以启齿踌躇于心的话也能坦率说出来了，心里感到轻松多了。

批判中我会感到一种愤怒一样的东西存在。同时，就像我的朋友说的那样，又会觉得他很可悲，不禁又同情可怜他。当听到别人批评或责难时，我有时也会突然怒火中烧。这时，我又会想起朋友说的那句"说这话的人不是很可悲吗"。

简单思考相关书籍推荐

　　这些书籍都是关于极简主题的，在家可仔细品味大师的思想精髓。读一下这些书，头脑就会很清爽。下面是我推荐的八本，给大家一一介绍下。

当你思虑过多时

　　一部哲学导引书，收集了康德及尼采等70位哲学家的著名论述，那些随着时代背景变迁的价值观，就像读故事一样让人很享受。这本是图鉴，从哪一页读起都ok。也可活用于工作业务中。

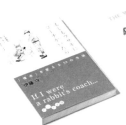

给孩子钱之前

　　针对一个家庭的花钱方法，研究家庭问题的临床心理咨询师用丰富的事例对此问题做了介绍。家人幸福或者不幸取决于金钱的使用方法，当你纠结要不要轻易给孩子买东西时，你可以读一下这本书。

我的育儿经

　　教育第一人所著人才培养术。以龟兔赛跑为题材，写的是如何把输掉赛跑的兔子的能力激发出来。通过教练与兔子之间的距离感，启发我们如何与孩子接触。推荐给想了解如何培养孩子的人。

不知如何与其他妈妈们交往时

　　网络检索及选举结果预测即基于此原理，即所谓的"群体智慧"相关入门书。与其听一位专家或权威人士的意见，不如多参考群体多样性的意见，它让社会变得更美好、更有说服力。被团体内部不和牵累时就翻翻这本书。

如何保护自己远离非法传销

巧妙利用人的心理，讲述"让人购买的技术"。里边记载了诈骗及传销手段等大量事例，"如果他们这样接近你，你就会中他们的圈套"。

避免购买多余的东西

一本分析人们心理的书，分析我们为什么明明想对事物做出合理判断，结果却做出了一种不合理的选择。买东西时不同款价格若有幅度变化，我们往往会选"正中间"的东西，但其实这是商家名为"推荐品"的促销策略。

当意识到自己失去自信时

与女儿同样患有孤独症谱系障碍的人写的一本关于社会规则的书，"对你很友好的人未必都是朋友"，里面有很多类似这样能够给你带来人际关系方面启发的内容。

送给生活不易的你

是一本阐述理解世间"潜规则"，即可理顺人际关系的一本书。通过一位精神科医生的口吻来讲述，主人公是一位年轻人，故事以这位年轻人向精神医生请教这种形式发展下去。适合突然进入一个新环境，内心充满不安时阅读。

PART5
夫妻关系整理

我们结婚已经15年了。

要说我们夫妻之间从来没出现过危机，那是在说谎。

能够度过危机，是因为我们没那么任性，毕竟「是夫妻嘛」。

「不懂对方」就要沟通，并相互尊重。

夫妻之间该有的是原则，而并非一味想要改变对方。

与老公开启「第二人生」

"进入 40 岁，我要是现在不开始行动，今后也应该不会再干了吧。"

2015 年初秋，老公说起了他换工作的事情。老公非常喜欢料理，很早以前就热心于研究咖啡和面包。他跟我说："移动咖啡馆，听起来是不是很有意思？我们现在也刚好要换车，就把它改造成咖啡馆，工作日我上班，周末经营移动咖啡馆，我觉得这种工作模式也很好。"

正好那个时候，在老公老家生活的亲戚要在第二年春天搬出去，他们搬出去后，屋子就空了下来。正好那个镇上条件还较完备，有接收女儿的学校，并且能得到周围人的理解。经过半年时间，跟老公反复商量后，我们决定与公婆一起生活。"我们想和你们一起生活！"我们夫妻俩对公婆说出了这句话。

自从老公问过有交流障碍的女儿："你自己能做些什么呢？"她好像一直在思考自己可以做些什么。工作即是生存，我们想让女儿与社会多一点联系，我们是抱着这个想法才开始我们的移动咖啡馆事业的。移动咖啡馆对女儿的将来也是一种支撑。

老公快速入手了一辆车，自己动手装修了一番，变身为咖啡馆，仅仅花费了一个月的时间，咖啡馆就完成了。半个月后又确定了移动咖啡馆的摊位地点。一天到晚忙着收拾、打扫新家的我，对这样的老公没太关注，此时不禁佩服他的行动力。老公改变了工作方式，薪水大幅下降，但得以利用换来的时间实现他经营移动咖啡馆的梦想，岂不更有趣？

老公的老家，全年盛产蔬菜和稻米。我们夫妻俩出去帮忙也是一种新的乐趣。开始过上了非常感兴趣的半农半商的生活。

自从我过上素简生活，心情方面产生了很大的变化，开始对自给自足的世界充满兴趣。每次去老公老家，看到当地的新鲜鱼类及丰富的季节蔬菜，接触以农业为生的公婆，我内心就萌生雀跃之感：即便不能完全自给自足，单是过上半农半商的生活岂不也很有意思？

那时候老公说了这样一句话："你总是说什么时候什么时候……我都有一种幻觉觉得自己老了。"常言机会不可错过，你总在说"什么时候什么时候……"就是在等待时机，等你意识到"现在我就要抓住"时，机会就已经错过不可把握了。若说面对新生活内心没有不安，那是在说谎。之前我一直认为创业只有那些有商业头脑的人才能做，等到老公开始干移动咖啡馆，我才意识到："哎呀，创业原来谁都可以做呢！"于是心情也好了起来。

环顾周围的朋友，即便女性，创业的也不少。我朋友有句口头禅："**边跑边想，别忘了还有这样一种做法哦。首先你要迈出第一步，即便发生一些荒唐的或不如意的事情也没关系。一个劲儿往前跑就行。**"她这句话成为我内心的一种动力。

不能失败，不想失败。那不失败的方法是什么呢？若有那捶胸顿足的时间，还不如迈开一步，先行动起来。素简生活教会我最多的就是要勇于开始，从一点一滴做起。

老公喜欢咖啡，他的创业项目是移动咖啡馆。工作变动，工具也随之发生了变化，平板电脑是咖啡店的营业指南，腕表用于时间管理。

这是庆祝老公辞职而买的赏叶植物。之前有一段时间放在了向阳处，但长得不好就把它放到了背阴处，过了一段时间竟然又复活了。环境发生变化，植物和人都会发生变化。

让生活变得简单，即便一个不大的空间也够我们住。衣服及物品标准化，就能控制多余支出，对金钱的担心也会变小。使用东西很爱惜，对金钱的意识也在发生改变，开始努力思考如何使用金钱。虽说"时间就是金钱"，可花钱方式可以改变时间的利用方法，不会再发生"想做这个，但没钱也没时间"这种事情了。一点小波动就引起大变化，扩大了人生的可能性。

老公的移动咖啡馆最初只有咖啡和刨冰，幸运的是老公一直以来积累的人脉都在帮助他，"你可以用我们家的松糕哦""下次有庙会，你过来吧""用当地麦子做出来的面包也很好的，我家这个面粉给你喽"……于是菜单和移动咖啡馆摊位一点点多了起来。

并非菜单不完美就不开始，只有两个菜单也可以开始！我跟老公切身体会到迈出一小步的重大意义，"多亏小小生活，让我们的可能性扩大了，一开始觉得很恐怖，但能够迈出第一步真是太好了"。

我们的"第二人生"才刚刚开始。

当要挑战什么时，内心就充满不安，当你边跑边想，这样就能鼓励动摇犹疑想逃避的自己，对自己说："现在要做的是向前走！纠结烦恼先往后放放！"让自己振作起来，就能对抗内心的不安。

不勉强彼此

　　身为经常处于工作调动状态的我们，身边没有可依赖的亲戚，家务及育儿都是我们夫妇俩一路扛过来的。

　　老公比我挣得多，所以他负责工作挣钱；我更擅长照顾孩子，所以家务及育儿由我负责。夫妻两人在分配职责时还挺开心，可之后我变成双职工，内心就有点不平衡，牢骚不断。"我家务做了那么多。""我工作都很累了，为什么我回到家还要做家务？"身体或精神方面一旦失去平衡就会焦虑急躁，家庭氛围就会变得不和谐。

　　即便平时很温厚的人，有时也会精神崩溃，特别是女性，有时会因为处在生理期而心情烦躁。我一过度劳累，就会说话难听。老公也是这类人，因为累而说话语中带刺。可是要是反过来看，为了守护家人在外边努力打拼而疲惫不堪，这种累本来就是值得尊敬的。但有时候人就是这样控制不住自己，即便深谙道理还是说话难听，之后又会后悔，"我要是对他再好一点就好了……"如此反复。

　　"我们都不是那种能很好应付各种事情的人，咱们就做力所能及的事情，办不到的事情就放手吧。"

　　跟老公商量后，得出了这样一个简单的结论。比如，累的时候就不要勉强自己做饭，买点便当或家常菜就好。如果担心餐费支出，偶尔吃个泡面也行。**做不了的事情不承诺，也不假装能做得了。做不了的事情事先就说"做不了"。**

　　所有事情做不了就放弃。但一开始我们夫妻俩对"放弃"很不习惯。比如关于做饭，"你难道不觉得，你有时说'今天很累就弄点家常菜吃吧'，说起来简单，但常常会耍滑或偷懒了事？""今天从早上开始身体就不舒服……所以我才买了泡面回来，这也不能说什么吧"。要放弃之前每天都在做的事情，是需要一些勇气的。

　　对方不会生气吗？我心里会不舒服吗？其实不然，自从不再勉强自己做家务，老公也不像以前那么急躁了，语气也平和了。我也是，以前因头疼而躺在床上的事情再也没有发生过。这是因为赶鸭子上架会影响人的身心状况。

　　老公会跟我交流他心情急躁的原因了，我也了解到他在我看不到的地方努力着，因此更尊敬他了。比起因勉强而疲惫不堪的对方，我们更喜欢心灵和态度上都很放松的对方。

　　不再勉强之后我们察觉到了那些理所当然的幸福：可以心情平和地闲聊了，晚上也能安心睡着。夫妻关系得以改善，以前的大吵大闹也没有了。

不聊工作的事情

在我家，夫妻之间不聊工作的事情。

职场上的吐槽或"今天发生了一件这样的事情"这种话题会聊。但对对方的工作，发表"你明明要是这么做，结果就会更好的"这样的意见是不可以的。不仅在夫妻之间，夫妻共同的朋友，或我的朋友是老公工作上的相关人员时，即便触碰到"职场"话题，也尽量不谈"工作"的事情。要问为什么不要聊工作的事情，是因为一聊到工作的事情肯定会引起夫妻矛盾。

女人吐槽或谈论"今天发生的事情"，并不是她想听意见或是"解决问题的方法"，她只是希望有人听她说话而已。而在另一方面，男性是想要解决问题。就拿我自己来说，经常会发生这样的事情：我跟老公说"今天发生了一件让人郁闷的事情"，如果老公开始指出我的问题，对我说"是你自己做法不对哦"，我就会很伤心，明明白天发生了那样郁闷的事情，人家本身情绪就很低落了，晚上还要被老公说自己没用，并且从当事人（我）的立场来看，我就想说："你知道什么啊！"

合作伙伴们的工作，终归只属于合作伙伴，并不是我的。工作不仅是赚钱，还是与社会之间的联系，是对自身存在的认可，是实现人生价值的途径等，包含很多方面。

即便听对方讲"职场"的事情，也要管住自己，不要随便插嘴。这是夫妻关系保持良好的秘诀。

　　醉心研究的老公，正在试饮 7 种咖啡豆，通过反复试验不断摸索，定出新的方案。老公早晚为我冲泡的咖啡别有一番味道。

夫妻因『不懂对方』才要交谈

　　老公是那种只要我不问"今天过得怎么样"就不开口的人，即便有烦恼之事，往往也会独自承担。如此一来，他想自己来解决问题，就会有心理压力，跟平时比起来，话就更少了。

　　他自己虽然知道焦虑的原因，但不会告诉周围人自己"为什么在焦虑"。在职场及朋友关系中，朋友可能会认为"是不是有什么郁闷的事？让他静一静吧"，进而与他保持距离，但在家庭这样一个小盒子里，就会想"自己做了什么事导致他这样吗"而变得不安，有时对方的焦虑也会传染给自己。

　　在我家，夫妻之间最多的矛盾就是"对方的焦虑传染给自己而引发吵架"。

　　这种时候，我的处理办法就是事先跟对方道歉："今天发生了……事，我很烦躁。所以可能会说话难听，并不是你的错，如果我说了什么难听的话，很抱歉啊。"

　　这样一说，就把"我焦虑的原因"以及"你没有责任"这两件事弄清楚了，"哎呀，原来是这么回事啊"，对方也就放心了。**相互焦虑的根本原因之一在于"不清楚对方状况"导致的这种不安。把这一源头根除，就能减少夫妻矛盾。**

　　在日本有这样一句话："不说为妙。"意思是暗中观察对方的情况，虽然内心挂念对方，但这种行为不说破比较好。可"即便不说，看一眼即明白"这种，有时也会流于态度傲慢。人们一般都是，重要的事情不说出来就无法传达给对方，有时即便说出来也不能把意思全部传达给对方。

即便是结婚多年的夫妻，你也要把"坚信对方很了解你"这种观念抹去，以"我不了解对方"为前提进行对话。"这个人多半是这样的吧"，有时会猜对，有时也会猜错，于是就很好奇对方的各种事情。

你上学那会儿参加了什么社团？跟什么样的人在交往？拥有什么样的恋爱观和学生观？试着抛出平时不会涉及的话题，就会发现对方身上有很多你以为了解其实还不了解的事情。

比如老公不怎么吃煮南瓜，我心想"这是为什么？他不喜欢南瓜吗？"于是就问他，没想到他回答："煮南瓜可以作为晚饭的小菜，但太甜，没法作为下酒菜。"对于不喝酒的我，还是被"没法作为下酒菜，所以不怎么吃"这个理由惊到了。

没想到对他其中一个食物爱好这么不了解，像这样的事情还有很多。与其觉得"我非常了解对方"，不如通过意识到"我还不了解对方"来增进相互了解，以便更好地交流。给予对方安心感，告诉他"我还有这一面哦"，或是问他"你还有哪一面"，以激发对方的兴趣。

提前告知要谈的『内容』和『时机』

"喂，我说话你在听吗？没有听吧？！"这种夫妻间"常有的事"曾经在我家也经常发生。一些只能跟老公说的抱怨或育儿方面的事情，我想让他好好听我说话而他却心不在焉，这到底是为什么？我很郁闷。

没人听你讲话，人就会陷入孤独。滨崎步的《Surreal》这首歌中有这样一句歌词，"两个人的孤独要比一个人的孤独更痛苦"，我想很多女性都会对这句歌词有共鸣。两个人的孤独是身边的人不能接受自己的现实就发生在眼前，因此又平添了一层痛苦。没人听你说话仅这一点，就会给人的心上凿出一个大洞。

有一天我跟老公坦白内心："你不好好听我说话，我内心就会非常痛苦悲伤哦。"没想到老公回我说："你总是在我正忙着做某事的时候跟我说话，我其实也想好好听你说话，**说话的人有想说话的时机，但听话的人也有想好好听人说话的时机哟。我们并不是心意偏离，而是时机不对啊。**"

从那之后，我每次有什么话想说给他听，就会提前跟他说："晚饭过后，我想跟你说个什么什么事，行不？"以便让他了解，使得听话时机与说话时机相吻合。说话就是一种投接球游戏，如果对方往别处看就没法很好地接球。通过简单沟通，便可避免进行单方面对话。

搬来新家，最让人开心的是厨房很
大。多个人也不碍事，所以有时会一起
做饭。在不经意间的聊天中，可以清楚
了解到对方的现状。

避免不必要的夫妻吵架

夫妻吵架是非常重要的交流。

与对方动真格吵架，就是质问对方："你为什么不懂我？"对方不懂我，就会让我心生不满，此时我就会回过头问自己："那么我又对他了解多少？"

我希望对方懂我——我希望对方珍惜我——我有在珍惜对方吗？我这样一追问，想大声要求对方"你理解我一下！"时，才忽然发现我居然也没有珍惜对方。

这种时候我就会回过头问自己："我对每天辛苦工作的老公表示感谢之情了吗？"他平时穿戴的物品都有擦干刷净，衣服也有精心熨烫，我在用行动委婉表达"我在支持着你哦"。比起语言，人们更喜欢看实际行动，想传达的信息通过态度表示，更能深度传达。

比如虽然是一件不起眼的小事，我还是想提醒一下，老公发工资的日子，我会准备他非常喜欢，但平时不拿出来的酒。"哎呀，这个你都给我备好了？"虽是一点小事他也会很开心。又或者觉得老公工作很累就给他揉揉肩。当感觉到大人和孩子都在关注自己，就会觉得很幸福。

老公不懂我——当这种不满涌上心头时，就代表自己都不曾去了解自己。把希望"他人懂自己"这种心情先放一放，先自我问候下，比如摸摸头、抱抱自己，这样情绪就会稍微平和些，能真切地感受到在自我珍惜，不满的小火苗就会小很多。

当我察觉到老公情绪焦躁时，我就会给他准备他最喜欢的碎切烧鸡。发工资的日子或完成一个大项目后，我会准备绿瓶子喜力啤酒。

对自己好，也就能对别人好。通过把这份体贴给予别人的行为，那些不必要的吵架就减少了。避免不必要的夫妻吵架的解决方法便是：**首先要对自己好，然后做好夫妻间的感情维护。**

即便你如此努力，夫妻之间难免还是会有摩擦。如果对方制造不愉快气氛，受这种气氛传染的你也会被不愉快的情绪吞没。这时，你可以在房间走动，或者出门，与对方进行物理隔离。一旦看不见，对方的情绪与自己的感情之间就会保持距离，这样就可以保护自己与对方。另外一点，通过保持距离，心情就会冷静下来，可以思考对自己来说最重要的东西，边保持距离，边找出与对方说话的时机。

"避免不必要吵架"的方法其实与"避免不必要购物"的方法很相似。当家里的室内设计迟迟定不下来时，当家里有一点点脏乱时，通过做些必要的家务，比如把墙壁的脏污清理掉、把旧的毛巾替换下来等，就会避免不必要的购物。还有一点就是，你要与购物网站或购物中心这些能激发你购物欲的地方保持距离。这样你那"总觉得缺点什么"的渴望物质的心情就会平静下来。

自我维护以及与对方保持距离，这两条简单规则，就可避免夫妻吵架。

度过夫妻关系危机的诀窍

夫妻危机，它不是人生的山脉而是低谷。生活中不时就会来场考验，来试探一番在这个灰暗的地带会有多少阳光照进来。

我对我朋友的老公说："孩子生出来这一年半时间，你就权当被骗了，要尽心照顾你老婆，因为这一年半是她这一生的支撑。"就算没有孩子的人也好，如果因为一件事，夫妻中的某一方陷入低谷，只要有"那个时候他帮助了我"这样一个事实存在，夫妻之间就会产生强烈的羁绊。

夫妻闹别扭的原因之一就是不平等感。即感觉对方很轻松，我很劳累。女性多承担着家务及育儿方面的事情，而男性也会有工作上的烦恼，他们在社会的风浪中颠簸也很辛苦。俩人都工作的话，往往又会拿对方跟自己做对比，"谁挣得多"或"谁更累"。

经常拿自己跟别人比较，并不会让人变得幸福。即使这样，人们还是这么做，因为想确认自己所处的位置。我也是这样，心情好的时候则罢，心情低落时往往会跟人比较。每当这种时候，我不是进行自我否定说"自己不行"，而是会想"他也在努力，我也以适合自己的方式努力吧"。

今年春天，我跟老公提出让他分担家务，因为我希望将来的某个时期，当我的人生陷入低谷时，我能够想到"那个时候，他帮助了我"而内心得到支持。于是我拜托老公，在新家大量残留的垃圾清理完之前，由他来做饭。如果我一个人把事情全部包揽下来，我就会觉得"只把我一个人累

两个人想好好说说话或是重要的纪念日时，会去以前去的餐厅吃东西。过去美好、快乐的记忆对现在也很是治愈。

得半死！你自己轻轻松松什么都没做"，而对老公怀恨在心。

"那个时候，他帮了我。"这种事情哪怕只有一件，也会给现在很大力量。

因为在公婆家是老公在做饭，所以作为妻子的我心里并没那么好受。但是我们的长辈——我的婆婆跟我说："人生路很长，肯定有一个人会更辛苦。平时哪怕让他帮一点点小忙，以后发生什么事就好对他开口。如果平时不让他做，他就什么都不做了，你让他做点什么事他会说'为什么让我做'！"

当你跟老公做比较觉得"我更累"的时候，你要好好利用此刻的心情让他做点什么事，把这个习惯养成，今后夫妻关系产生危机时，这个习惯就会发挥很大的作用。

要克服生活中的艰辛，自己解决问题与求助别人同样重要，二者缺一不可。跟对方撒娇也是一种重要的技能，在亲子关系中就是如此，很会对父母撒娇的孩子，往往在社会上也很擅长用巧嘴借力。夫妻间也是如此，单方宠爱不现实，适时撒娇更重要。

那个时候，他帮了我——哪怕一件也好，有让人心存感恩的事情是度过夫妻危机的秘诀。

PART6
头脑心灵整理

在物品整理中学到的取舍选择对人生也很有帮助。

理清事物的优先顺序，就会发现自己的「要紧事」和「喜好」，把不要紧不喜欢的事物舍弃，于是就可不想多余之事、不负无益负担，每天心无压力，轻松度日。

思考，但不要思虑过度

　　我会在入睡前，躺在被子里进行愉悦地思考。躺在白天晒得软乎乎的被子里，一边感受洗衣液淡淡的香味，一边期待明天的到来，不失为一种小小的幸福。

　　对于那些不可解的、让人心情灰暗的事情，我尽量不去想。比如，一时疏忽给人带来了麻烦，不经意的发言中伤了别人等。思虑过多，晚上就睡不好觉。

　　这个时候就会让自己干活，打扫打扫家里，直到累得筋疲力尽，躺床上呼呼就睡。让自己忙起来，暂时与思虑之事保持距离。"忙"这个字，拆开来看就是"心亡"，把心丢了，便没了思考的时间和空闲。可见，忙并非都是坏事，如果朝着好的方面灵活运用，人们就会积极向前看。

　　忙起来，把忙碌作为悲伤和痛苦的临时避难所，等心情平静下来，再一点一点去整理。越是大的心理创伤，缓慢的心理恢复越是重要。即便不停地思考，灰暗的心境下也不会得出什么好的结果。小时候母亲对我们说过这样一句话："流着眼泪看事情是看不清的，把眼泪擦干再看。"

　　静心思考，然后得出适合自己的答案，就可以积极向前迈步了，若是思考一番责难自己，就会掉进烦恼的深渊，看透这两点很重要。思考的诀窍就是：要有两种视角，一个是向自己发难的声音，另一个是拥护自己的声音。理解这点，在发生因失败而非常失落的事情时，也能客观看待并发现其中的可取之处，进而积极奋勇向前，逆袭成功；发现需要改善的地方时，

在纸中央写出你介意的词语的意思，周围写出脑海中浮现的关键词。像联想游戏一样把他们连接起来，在头脑中整理一番。

要抑制自己飘飘然的心情。

另外，思虑过度时，大脑中的信息就会处于膨胀状态，此时就要想："这种情况下的优先顺序是什么？"如果把东西分散在各处收纳，等到用的时候，"这个也没有，那个也不在"，顿觉乱七八糟。大脑也是如此，**一旦情感及想法一团糨糊似的待在脑子里，若置之不顾，想要传达的语言就不知该如何说出才好，反倒拿不定主意。**

整理物品要先分类，分成"使用、保留、处理"三类之后再作考虑，头脑整理也是如此。首先要把大脑中的信息分为"重要、保留、不必要"三类，然后把一件重要的事情拿出来，暂时把其他信息都屏蔽。重要的事情着重思考，解决之后再着手处理保留事项。将不必要的信息从大脑中清除即可，多余的事情堆积在大脑中，人就会产生很大的精神压力。经过头脑整理，不再思虑过度，各种事情就都拎得清了。

麻烦事其实是件优先顺序很明确的事情，但"怒火中烧"这种情感状态则会让人难以理清优先顺序，这个时候就要正视一下"最让你恼火的事"，然后想一下"为什么它让你如此生气"？是他人的态度让人讨厌，或是过去也发生过类似的情况让你产生了心理阴影等，情绪的泡泡咕嘟咕嘟仿佛从海底都冒出来一般，及时探明怒火的源头，于是就会了解到是不是因为同一原因而苦恼，这就找到了解决问题的线索。

卧室书架。大部分书都是我在书店亲手挑选的。行为心理学、经济学、教育学……这些专家的智慧和知识，都会在我思考时给我以启迪。

自己盘算着拿主意，或者随意地漫想，会对身体有害。说起来很不可思议，**据说即便有意不去想，无意中仍会不停地去想**。思虑过多就无法自主控制，放任无意识的自己。在心理学中有一个概念叫"鸡尾酒效应"，比如在学校教室嘈杂的环境中，依然可以听到自己喜欢的人的声音，就是因为在无意识的状态中，我们仍会注意到那些自己需要的信息。

欲要止住不去想，就要走出去。偶然间进的一家书店拿在手里的书或许会给你启发，与朋友不经意的聊天中或许某句话就能让你顿悟"原来如此"！有很多事情答案不在自身，而在自身之外。

比如，跟一个以前就是个迟到王的朋友外出时，都到约好的时间了她还不来。等了一个小时后她还不来，就会被她弄得心烦意乱，其他朋友看到这种情况说："你对这种我行我素的人期待太高肯定不行啦！她本来不就是个迟到王嘛。""不能对人期待太高"，不经意的一句话猛一下子点醒了我，我一直苦恼"为什么就不能再努力一点呢"，原来是我对自己期待太高，给自己一种无言的压力啊。我想，这或许就是无意识中注意到的对现在的我有用的信息吧。

思考时要理清优先顺序，但也不要思虑过多。保持距离，屏蔽无用信息，这是解决顽固烦恼最好的捷径。

放入盒中，而后思考

思考事物时，我都会把问题分门别类放入相应的盒子中。

法国哲学家笛卡儿说过一句话："把困难分解掉。"简单来说，这句话的意思是，从整体出发来解决问题有时会比较难，把它一点点分解开来就能找到答案。"从这儿到这儿是我的问题"，通过明确责任划分，就能简单解决问题。

当与某人发生矛盾时，就准备"自己的"和"他人的"这样两个盒子（把自己与别人分开是对对方的尊重）。拿实物来做比喻，专门为你准备的甜点盒子，别人随便从里边拿甜点的行为是不可原谅的吧，如果对方想要甜点，必须征得你的同意。与此相同，当你想干涉别人的事情时，必须先问下："我可以插手吗？"

家人与家里的事情也是如此，当作盒子问题来考虑就很容易得出答案。

我们是跟公婆一起住，如果我随便进入公婆的房间、打开他们的冰箱、用他们的东西或是扔掉他们的东西，这是非常不礼貌的。因为我随意插手了"公婆的家"这个盒子。**眼睛看得到的还好理解，对于看不到的人心，这条界线往往轻易就会越过。把问题放入盒子"整理收纳"一番，就会变得容易解决。**

"家人把东西散乱得到处都是，苦恼极了"这个问题也同样如此，把它归入物品所有人的盒子里边去思考，解决房间杂乱的问题是物品所有人的责任。当物品越出他的私有空间殃及大家时,就让他以自己的方式来管理。这种情形下,物品所有人收拾不停当的问题在家中就会经常发生,家人也非常讨厌这种杂乱无章的感觉。相同的物品数量如果集中到一个地方就会清爽很多。他人问题就归入他人盒子这点非常重要。

稍微能言善辩点的人会说"这个家都是我在出钱",搬出了钱的盒子。他这是把盒子的种类改变了。这时候你就给他准备一个别的盒子,"这个家是大家一起住,现在我们商量一下场所使用方法"。即使在商量房间使用方法,但若与钱的问题混淆在一起,事情就会变得无法解决。

有时看起来是同一个问题,单单改变一下说法情况就变了。比如"这个手术生存率 10%"与"这个手术死亡率 90%",听到死亡率让人悲观,听到生存率又让人燃起希望。内容相同,但描述方法和理解方式不同。这在心理学上叫作"框架效应",看问题的角度不同情绪会大不相同。

一个问题发生时,为了不把问题复杂化,要把它归入多个盒子,从不同视角去考虑。当想法成熟之后,通过思考这个问题应该归入"何种盒子","还可归入其他盒子吗"? 就能理清问题,然后试着转变思想。比如一个杯子,不仅可以作饮水用,也可以尝试把它作为花瓶或容器。一个事物不以单一的结果终结,通过发掘各种立场和看法,自己周围环境就会发生很大改变,也会增加很多可能性。

1
大
于
0

我的思维方式标准是"1大于0"，当我做决定或行动时就会以这个原则为基准。

0一直会是0，即便是0.1，积累10个也就是1了。自己想实现的目标也好，夫妻危机也好，都是"做点什么总比0强"。**我们追求的不该是非黑即白，成功抑或失败这样10对0的鲜明对比，而是采用4对6或是9对1的正向转变即可。**

曾经有段时间，我就算看到架子上积满尘土，也觉得擦一下都很麻烦，从而置之不理。然而一旦从一个架子开始打扫，一个变成两个，一不小心整个家就清爽了。即便是小小一步，迈开了就会走出下一步。

人际关系也是如此。邻里交往，还有一些活动，说实话参加真的很麻烦。这种时候也可以参考"1大于0"这个原则行事。比如要花2~3小时只需露面30分钟，"30分钟过后就回去"，这么想就可以参加了。制造一个"她来了"的事实，而不是"她没来"。有些大家都讨厌或是很难对付的人，跟他们在一起就是不舒服，但30分钟总是可以忍耐的吧。

即便是笨手笨脚什么也做不好的人，也能一点点完成。一位在公司上班的朋友曾经这么说过："周一让人郁闷，总是想休息。这种时候，我就会把这天的目标定为'去公司往椅子一坐'。椅子能坐得下来的，坐下来之后自然就能工作了。"

当你觉得心很累也迈不开步时，就从"1大于0"做起，完成之后就送给自己一朵小花。通过把一个个小目标完成，什么大问题都能迎刃而解。

迈开一步，后脚自然会跟上去。一直是 0，则什么都不会产生，但 1 会到 2，又会到 100。迈开第一步就是很大的勇气。

141

　　眼前思考与长远思考，拥有这两种思考尺度，就能灵活地思考问题，一点点喜欢上自己。

　　我们把这两种思考想象成减肥就很好理解。为实现变瘦这个目标，一方面有眼前思考，"两周之后我有约会，在约会之前我想瘦10斤，于是就严苛控制食物摄入，并过度运动"；另一方面又有长远思考，"想以健康的方式变美，就需要缓速减肥，并保持适度进食量与运动量"。

　　大家都知道快速减肥会给身体带来负担，比如某一位很有名的美容家，头发都脱落了，不得不戴假发。大家普遍认为十几岁的身体正是最有朝气的时候，勉强自己完成目标，有了这种成功体验，在之后的记忆里往往又会把勉强当作努力。但是随着年龄的增长，硬性强迫自己的行为就会引发无法挽回的事态，因此有必要从长远思考中掌握思考力。

　　我平时购物等情况也是如此，都会从眼前思考和长远思考两种视角来考虑问题。比如当你纠结"这个灯笼裙是今年流行的款式，怎么办，买还是不买呢"？眼前思考的话，这个裙子就今年穿，享受流行时尚即可！但是柜子里的衣服都塞满了，正为收纳发愁呢，这种思考就是长远思考。不买只限今年穿的流行款式，买基础款裙子会穿得更长久，这才是正确答案。

　　关于收拾整理，眼前思考的话"一周全部扔掉"，一鼓作气打扫一番，然而之后就会后悔，"心血来潮扔过了头"……并且，打扫父母的房子工作量较为繁重，有时也会有损健康。若是长远来思考"花几年时间慢慢扔"的扔物方式，就像呼吸一样融入生活，这种做法不仅不会勉强自己，还很有效，只是时间跨度较长，所以需要毅力及享受这个过程的乐观心态。

人往往会追求眼前那些容易理解的结果，考虑事物时，并非长远思考与眼前思考二选一，而是把两者结合起来灵活思考，这样思考的维度就会更广。

把这两种思考方法都掌握，当发生某事让你后悔"那个真是失败啊……"时，"等一下，从眼前来看是失败的，但长远来看，这个没错呀。"就会发现事物还有另一面。收拾整理也是如此，即便眼前思考认为"会不会扔得过多了"？长远思考会认为"或许不知道什么时候就要搬到一个小的房子"，这么一想就会觉得扔得太多是非常正确的做法了。

有时眼前思考认为不对的事情，长远思考的话却会觉得没错。我平时老爱否定自己，自从开始两种思考并用，一些不对的事情换个角度思考也就对了，这样对的更对了，慢慢就会变得更自信了。

去掉那些自己在不知不觉间养成的思维坏毛病，通过把握不同角度，或许就能发觉那些自己没注意到的优点，找到能够接受别人的方法。

高明的批评接受方法

　　到 2016 年，我开始写主题为"少许物品，轻松生活"的博客已经四年了。

　　博客运营得久了，每天就会收到各种留言。轻率无理的、诽谤中伤的都有，还有可以称之为"妄想"的内容存在。有让人受伤的留言，也有"原来如此，还有这种想法啊"这样欣赏我的声音。

　　其中也有人虽然接受了批评的形式，但却伤了个人感情。没有人会被攻击、被殴打后而觉得不痛的，我也是如此。是理解为"做错了事情所以接受批判"呢？还是理解为"越是被批判越是要成功说服别人"呢？不同的选择决定了不同的批判接受方法。

　　素简生活过程中我也曾思考过"人为什么消费"这个问题。消费行为中感情冲动占不小的因素，或是想被别人夸奖自己漂亮而买衣服，或是喜欢哪个偶像所以买他的 CD，人们的行为背后肯定有情感因素存在。同样地，批判也是冲动情绪在起作用，消费宝贵的人生时间，写下自己对所讨厌的人的想法。当我受人批判时，我就会想："这个人，把他的时间和精力消费给我欸。"

　　一方面我不想浪费我的时间和精力。我觉得如果有这个时间，陪陪孩子或者逗逗宠物对我的人生来说更有意义。另一方面如果我的博客中有能撼动别人感情的留言存在，不管是好的还是坏的，即便那是批判的声音，

博客平均一天会有 10 条左右留言，那些我觉得"挺有意思"的批判声音，我会接受并回复，但如果是恶意的留言就不去理它，设置为不显示。

我也觉得自己受到了高度评价。

那些充满恶意的留言到底是希望我怎么做呢？我不得而知。用那些充满恶意的语言攻击我，是想看我受伤的样子吗？如果是这样，是不是这个人自身有很大的心理创伤？是想让别人怜惜自己，希望别人关注自己，或许是满怀寂寞……我会这么认为。方法虽不对，但这或许是他对外界最大限度的信息传达。

我到了 40 多岁，完全是个成熟的大人了，被别人激怒的次数也大大减少了。现在察言观色的风气很重，能够当面跟我说出自己真实想法的人还是比较少的。在这种情况下，批判或许也是难能可贵的事情。

有时也会在某个瞬间想，"既然不喜欢那不看就好了啊"，一想到讨厌我的人也会期待我更新博客，就觉得很有意思。第 138~139 页我介绍了把事物放到箱中而后思考的方法，**按照这个想法，那批判我的人不应放在"讨厌我"这个箱子，而应放在"期待我更新博客"这个箱子里**，这么一想对我也是很大的激励。因为若无兴趣与关心，他也不会访问我的博客了。

但是我并不会接受这种语言暴力，或许他这么说有他的理由，但我也有不接受他的理由。因为我们都有选择的权利，我认为恶意的批判是暴力，即使起因在于被批判方，但问题在于施暴方。没必要接受的事物即为"不必要"。想想"有人希望别人接受他的批判"，心情就会好很多。

情感不能捂着盖着

小时候，经常被大人夸："势子小朋友都不哭，好厉害呀。"

孩子之间打架也是，经常会说"那个孩子哭了""把他弄哭了"等这样的话。那时的看法就是"哭了就输了"，大家都认为感情外露很不好。隐藏自己的感情与周围人合拍就是擅长处世，感情外露就是与周围人相处不善，作为社会潜规则，这点深深地印在当时还是孩子的我的记忆里。

待到长大成人走向社会，我产生了一个疑问：那些能够坦率表露感情的人，其人生不是更丰富吗？开心的时候就喜笑颜开说"开心"，厌腻时脸庞就布满乌云地说"讨厌"。渐渐地，有如此行为的人就会让人觉得"这个人不会说谎""他是可以信任的人"。

进入社会后，作为一种社交辞令，即便你自己未必真想和对方吃饭，有时也会说"下次咱们吃个饭吧"。社交辞令向人传达一种"想与他维持良好关系"的体贴之情。但若过度置身于充满社交辞令的世界中，就会想："到底什么是真的，什么又是客气的谎话？"于是慢慢地变得不好捉摸了，也一点点不信任别人了。当一个人习惯隐藏自己的情感状态，与周围人交往时就会撒谎。

他人是反映自己的一面镜子。他人难以相信的时候，也代表着难以相信自己了。人会撒谎，也会说实话，要具体情况具体分析。我有时会隐藏自己的感情，有时也会暴露自己的情感用以解压。偶尔隐藏自己的情感，

这是居住在我家的猫——小奇。如果人能像动物一样喜怒形于色，也能悠闲地享受当下吧。

平时就敞开心扉情感外露，我觉得处于这种状态，人生才更丰富多彩。

敞开心扉就能感知自己的内心，也就能明白其中是喜忧参半的。如果那些消极负面情绪在入口处就被否定，我们就无法洞悉其中的奥秘。"忧"这个字去掉心字旁加个人字旁就成了"优"，因为懂得，所以慈悲。

说起来很不可思议，**我们如果无视悲伤、痛苦这些负面情绪，对开心、快乐这些正面情绪的感知力也会随之下降**。情感没有善恶，悲伤、痛苦这些情感也是一种信号，告诉你"这个很危险"。如果无视警报继续行动的话，就会遭遇危险，这是非常自然的事情。另外，开心、快乐这些情感会给我们带来安全感，让我们觉得"这很安全"。两者缺一不可。

香港著名的演员兼编剧李小龙先生曾经说过这样一句话："不要思考，要去感受。"感受可以提高思考能力，比如"人的第六感""察言观色"这些词汇，说的正是感知能力。有些事情道理上说不清楚，要去切身感受。

倾听自己内心的波澜，即为提高感知力。做策划和出主意时，感知力高，获取世间信息的敏感度也会提升，进而发现好点子。如果隐藏自己的感情，你会无法感知外部美好的事物，就会走进死胡同，想不出好主意。

对于习惯隐藏自己感情的人，我想给你介绍一下我改掉感情毛病的方法。

关键是以下三点：①改变场所（住所）；②改变（交往的）人； ③改变时间利用方式。

　　不要勉强压制自己内心的愤
怒，在心底把对方痛骂一顿。如
果掩盖自己的负面情绪，正面情
绪也会变得迟钝。

因为我老公工作调动频繁，所以我们通过搬家改变场所，得到重新审视生活的机会。另外，与之前有交往的人，也已半年到一年不通音信了。通过搬家，扩大了朋友圈，建立了新的人际关系，生活上也从以前的"夜猫子型"改为"晨型"，时间利用更有意义了。

可见，要改掉感情毛病，暂时阻断之前的刺激非常重要。通过切断被模式化的刺激，解除、整理自己内心原有的模式。

如果条件允许，出门旅行也是不错的。旅行可以一下子改变自己周围的场所、人、时间，相对较低门槛即可实现三个变化指标。鸿上尚史先生的著作《孤独与不安的指南》中有描述过：独自去冲绳，无所事事发发呆，于是，"讨厌这份工作""那个人真难对付啊"等这些平时从无触及的感情就会跑出来，这种体验让自己很受冲击。原来自己的大脑和心灵是有距离存在的，对自身的事情自己还有很多不了解。

敞开心扉，开心时发自内心去笑，悲伤时尽情哭泣。我们会与别人分别，而自己则会伴我一生。自己是非常重要的，接受自己那些无法言表的情感，情感表达就会更加丰富，这种丰富性对我们的人生大有裨益。

"哎呀，你怎么弄成这样！"

不经意的一句话就会伤了别人，一般这种时候我都会做出深刻反省。时间难倒回，覆水不能收，我们都是当局者迷。

自己的情感，责任在自身。比如在公司发生了一件让你生气的事情，你就跑去车站欺负别人，这时候，你不能说欺负你的是惹怒我的公司，而不是我，要抱怨你跟我公司去说啊。被人伤着的时候也是如此，自己的情感责任在自己，不是伤自己的那个人，如果责任在于他人，那叫起因。"生气""受伤"等自己惹起的情感，必须由自己处理。

反过来说，**自己的情感是只属于自己的东西，只要把这件事认真对待，生活一下子就会轻松很多**。在日常生活中，当负面情绪来袭时，不要先自我否定，"自己怎么能这样想？！这样的自己可不好"……而应自我肯定"我是这么想的"，如此就能坦率接受。对事物的感受方式是只属于自己的东西，没必要刻意将自己的感情勉强压制，说"这样不好"。

喜悦和悲伤都是只属于自己的东西，但有时也可以与他人分享。当你支持的运动员比赛胜出时，朋友的努力有了成果、愿望实现时，虽然不是自己的事情，但也会分享这份喜悦。当自身发生了一件很痛苦的事情，朋友耐心听我们倾诉，并说一两句安慰的话，"确实很让人伤心，你很拼命呢"，内心的悲痛就会减弱。

谁都无法对他人的情感负责，在家里也是如此。**但有时对他人的情感我们也是可以做点什么的，可以听他说或者陪他玩，并非一定要出主意去消除他内心的不畅。**即便只是陪他一起沉默度过时间，心情也会得以治愈。

　　我小的时候，在学校被伙伴排挤时，爸爸就会邀我去钓鱼。每周让我坐在自行车后面载着我去海边，陪着没有玩伴的我一起玩。有人陪我玩，我的心情自然就舒畅了。有时候体谅你的未必是他人，也可以自己体谅自己。

　　一旦我们能够体谅自己的情感，就能原谅自己，原谅别人。无法原谅别人，也就无法原谅自己，感情最终就会走进死胡同。首先从自我体谅着手，来寻找感情的出口。

　　我现在非常生气，所以要鲁莽行动！我现在非常伤心，所以要看催人泪下的影片痛哭一场！痛苦时，就找他哭诉！体谅自己的情感，打造一条情感健康流淌的通道。

　　自我体谅——听起来好像很难，但对女人来说其实是很擅长的事情，并且大家都经历过。比如失恋的时候，"好窝心，总有一天我要变漂亮让他对我回头"，这就是利用感情积极向前看的一个实例。我想把它当作自己的法宝，珍视自己的情感。

随着扎在布上的那一针针，
就会变得心无杂念，负面情绪
也慢慢恢复至零。做针线活是
找回自己的重要方式。

如果非得这样，那就欺负我吧

我曾经很讨厌自己，无论如何也无法喜欢上自己。但当自己被某个人否定时，或是需要勇气克服困难的时候，帮助我、支持我的不是别人，正是当时的自己。

小学五年级的时候，有一个小团伙老是欺负人，他们说："并不是讨厌你，但就是要欺负你。"如果哪个孩子被这个小团伙的小头目盯上，就会被欺负。有一天我的好朋友被他盯上了，我又不能坐视不管，我就跟他们说，"如果非得这样，那就欺负我吧"，通过这种方式来替朋友受罪。其实也不是我让他们欺负朋友的，是别人的坏主意，但我就是觉得过意不去。于是我对朋友说："明天开始我会被他们盯上，不能陪你了，不好意思啊。"于是就躲在他们看不到的地方安静玩耍，到如今我们都40多岁了，友情常在，朋友如今成了一对双胞胎的母亲。

只要有那么一件事，你从始至终都能相信自己，就会形成一股强大的力量。当你要解决一件困难的事情时，就对自己说"来吧，不要输！加油，亲爱的自己"，给自己以力量。当自己想要临阵脱逃时，也会被小学五年级那个勇敢的自己追问"你不后悔吗"而停住退却的脚步。

比起做了，人生中最后悔的事是没做。**当你直面坦率的心，答案就会很简单。对喜欢的人说"我喜欢你"，讨厌时就说"no"**。直面欺负事件，是我人生中最初的一个大决断，到现在也是心灵的巨大支柱。

跟鹦鹉奇谛玩的时候也会
觉得很幸福。鸟比人的寿命短，
所以我想珍惜跟它在一起的每
个瞬间。

我的幸福论

"对小山你来说幸福是什么呢？"在创作这本书的时候有人问我这个问题。

"感受幸福"与"变得幸福"截然不同。"感受幸福"是比如在家务活间歇时喝杯美味的咖啡，新衣服在穿上的那一瞬间的欢欣雀跃感等，现在这个瞬间也感觉很幸福。另外，成为有钱人就能变得幸福这种完成时态是不存在的，很多人即便很有钱也很不幸，有钱只是没了金钱上的不安，它与幸福是两码事。

有时幸福也会招致不幸。比如买彩票中大奖的人，因为挥霍金钱而导致自我破产就是其中一例，中奖就是不幸的开始，乍一看以为是幸福的，其实是不幸的开端。幸与不幸其实是同一张卡的两面。

相反，有时不幸也会带来幸福。以前怀孕的时候孕吐很厉害，在床上躺了近半年，吃不下饭、睡不好觉。身体恢复之后才切身体会到"健康是多么幸福的事情啊"，那些稀松平常的理所当然之事是多么幸福啊。即使你心里知道，然而没有体验过长时间卧床不起的艰辛的人，还是不能明白的。

当你吃饭时，觉得"好好吃"的时候就非常幸福，冬天寒冷的日子里在有被炉的房间里闲来无事……这些都是非常幸福的时刻。这些小小的"刹那瞬间"就是我认为的幸福。有时也会觉得不幸，有了不幸的事情，才让我察觉到好多"这就是幸福"的瞬间。

与其一味哀叹不幸，不如通过不幸来感知幸福。这就是我的幸福论。

不要摆放很多东西，而是选出来一个物品放置，
这样不用思前想后便可专注一件重要的事情，如此人生很快就会变得简单。

结束语

　　我们家庭主妇是全年无休的。

　　每天重复的家务活，偶尔让人想要叹气。

　　但每样家务又是让家人喜笑颜开的"家里的事"：满是泥巴的鞋子被刷得雪白，皱巴巴的衣服被熨得平平整整，饭菜让家人恢复元气……

　　搭起生活的舞台，最初一人份的家务变为两人，再然后增加到三人份，等到满眼都是家务时，我便会思考："咦？我的人生是怎么回事？"

　　明明很累还会接受别人拜托的事情，持续忍受自己觉得讨厌的事物、糟蹋自己，动不动把人生考虑得太复杂。

　　这种时候，素简生活的思维方式对我非常有帮助，它会让我理清"这种情况下的优先顺序是什么"，我现在就清楚地觉得"我的人生，我是主角"了。

　　不把人生复杂化，简单思考对家庭主妇非常有效。

　　尽量简单理解事物，卸下心理包袱。"车到山前必有路"，遇到什么事情都要乐观接受，这样的话，家人会比自己想象中更开心。给心留有空白，就会听到周围暖心的话语。

　　素简生活，更是轻松生活，这一切的一切可真美好。

非常感谢大家对我的支持。

一旦我自身得以轻松生活，就能够鼓励家人："你想做的事情，就去做好了。"

走自己的路，而不是牺牲彼此的人生。

各自迈开自己的一步，就能切实地感受到新生活的变化。

拿起这本书的你，如果能从我这样的轻松生活智慧中有所收获，这就是我最开心的事了。

2016 年 11 月　山口势子

图书在版编目（CIP）数据

人活到极致，一定是素与简. Ⅱ /（日）山口势子著；
李玲译 . -- 北京：台海出版社，2018.11
　　ISBN 978-7-5168-2158-9

　　Ⅰ .①人… Ⅱ .①山… ②李… Ⅲ .①家庭生活—知识 Ⅳ .
① TS976.3

中国版本图书馆 CIP 数据核字（2018）第 244943 号

版权合同登记号：01-2018-5357

本书为引进版图书，为最大限度保留原作特色，尊重原作者写作习惯，故本书酌
情保留了部分外来词汇。特此说明。

人活到极致，一定是素与简. Ⅱ

著　　者｜（日）山口势子　　　　译　者｜李　玲

责任编辑｜俞滟荣　曹任云　　　策划编辑｜赵荣颖　孙清清
装帧设计｜胡椒书衣　　　　　　责任印制｜蔡　旭

出版发行｜台海出版社
地　　址｜北京市东城区景山东街20号　邮政编码：100009
电　　话｜010 — 64041652（发行，邮购）
传　　真｜010 — 84045799（总编室）
网　　址｜www.taimeng.org.cn/thcbs/default.htm
E — mail｜thcbs@126.com

印　　刷｜北京嘉业印刷厂
开　　本｜880 mm × 1230 mm　1/32
字　　数｜128 千字
印　　张｜5
版　　次｜2019 年 1 月第 1 版
印　　次｜2019 年 1 月第 1 次印刷
书　　号｜ISBN 978-7-5168-2158-9
定　　价｜48.00元